中国科普大奖图书典藏书系

生物演化与人类未来

殷鸿福　周修高◎著

长江出版传媒　湖北科学技术出版社

图书在版编目（ＣＩＰ）数据

生物演化与人类未来 / 殷鸿福，周修高著. — 武汉：
湖北科学技术出版社，2015.12（2018.1重印）
（中国科普大奖图书典藏书系）
ISBN 978-7-5352-8217-0

Ⅰ. ①生… Ⅱ. ①殷… ②周… Ⅲ. ①生物－进化－
普及读物 Ⅳ. ①Q11-49

中国版本图书馆CIP数据核字（2015）第200662号

责任编辑：刘 虹 封面设计：戴 旻

出版发行：湖北科学技术出版社 电话：027-87679468
地 址：武汉市雄楚大街268号 邮编：430070
（湖北出版文化城 B 座 13-14 层）
网 址：http://www.hbstp.com.cn

印 刷：武汉立信邦和彩色印刷有限公司 邮编：430026

700×1000 1/16 11.25 印张 2 插页 145 千字
2016年 3月第 1 版 2018 年 1月第 4 次印刷
定价：18.00元

　　我热烈祝贺"中国科普大奖图书典藏书系"的出版！"空谈误国，实干兴邦。"习近平同志在参观《复兴之路》展览时讲得多么深刻！本书系的出版，正是科普工作实干的具体体现。

　　科普工作是一项功在当代、利在千秋的重要事业。1953年，毛泽东同志视察中国科学院紫金山天文台时说："我们要多向群众介绍科学知识。"1988年，邓小平同志提出"科学技术是第一生产力"，而科学技术研究和科学技术普及是科学技术发展的双翼。1995年，江泽民同志提出在全国实施科教兴国的战略，而科普工作是科教兴国战略的一个重要组成部分。2003年，胡锦涛同志提出的科学发展观则既是科普工作的指导方针，又是科普工作的重要宣传内容；不是科学的发展，实质上就谈不上真正的可持续发展。

　　科普创作肩负着传播知识、激发兴趣、启迪智慧的重要责任。"科学求真，人文求善"，同时求美，优秀的科普作品不仅能带给人们真、善、美的阅读体验，还能引人深思，激发人们的求知欲、好奇心与创造力，从而提高个人乃至全民的科学文化素质。国民素质是第一国力。教育的宗旨，科普的目的，就是为了提高国民素质。只有全民的综合素质提高了，中国才有可能屹立于世界民族之林，才有可能实现习近平同志最近提出的中华民族的伟大复兴这个中国梦！

　　新中国成立以来，我国的科普事业经历了1949—1965年的创立与发展阶段；1966—1976年的中断与恢复阶段；

1977—1990年的恢复与发展阶段；1990—1999年的繁荣与进步阶段；2000年至今的创新发展阶段。60多年过去了，我国的科技水平已达到"可上九天揽月，可下五洋捉鳖"的地步，而伴随着我国社会主义事业日新月异的发展，我国的科普工作也早已是一派蒸蒸日上、欣欣向荣的景象，结出了累累硕果。同时，展望明天，科普工作如同科技工作，任务更加伟大、艰巨，前景更加辉煌、喜人。

"中国科普大奖图书典藏书系"正是在这60多年间，我国高水平原创科普作品的一次集中展示，书系中一部部不同时期、不同作者、不同题材、不同风格的优秀科普作品生动地反映出新中国成立以来中国科普创作走过的光辉历程。为了保证书系的高品位和高质量，编委会制定了严格的选编标准和原则：一、获得图书大奖的科普作品、科学文艺作品（包括科幻小说、科学小品、科学童话、科学诗歌、科学传记等）；二、曾经产生很大影响、入选中小学教材的科普作家的作品；三、弘扬科学精神、普及科学知识、传播科学方法，时代精神与人文精神俱佳的优秀科普作品；四、每个作家只选编一部代表作。

在长长的书名和作者名单中，我看到了许多耳熟能详的名字，备感亲切。作者中有许多我国科技界、文化界、教育界的老前辈，其中有些已经过世；也有许多一直为科普事业辛勤耕耘的我的同事或同行；更有许多近年来在科普作品创作中取得突出成绩的后起之秀。在此，向他们致以崇高的敬意！

科普事业需要传承，需要发展，更需要开拓、创新！当今世界的科学技术在飞速发展、日新月异，人们的生活习惯和工作节奏也随着科学技术的进步在迅速变化。新的形势要求科普创作跟上时代的脚步，不断更新、创新。这就需要有更多的有志之士加入到科普创作的队伍中来，只有新的科普创作者不断涌现，新的优秀科普作品层出不穷，我国的科普事业才能继往开来，不断焕发出新的生命力，不断为推动科技发展、为提高国民素质做出更好、更多、更新的贡献。

"中国科普大奖图书典藏书系"承载着新中国成立60多年来科普创作的历史——历史是辉煌的，今天是美好的！未来是更加辉煌、更加美好的。我深信，我国社会各界有志之士一定会共同努力，把我国的科普事业推向新的高度，为全面建成小康社会和实现中华民族的伟大复兴做出我们应有的贡献！"会当凌绝顶，一览众山小"！

中国科学院院士
华中科技大学教授　　杨叔子　二〇一二
九·廿八

地质历史时期的生物

DIZHI LISHI SHIQI DE SHENGWU

一、记录生物史的特殊"文字"——化石

什么是化石

化石（fossil）这个词，是由拉丁文fossilis演变而来，其原意是指"从地底挖出来的东西"。以前人们的确也是运用这个词来形容任何由地球表层挖掘出来的"石质"珍品的，无论其为植物、动物或矿物。现在，随着古生物材料的积累和古生物学的产生和发展，化石这个词当名词用的时候，只限于指保存在岩层中的地质历史时期的生物遗骸和遗迹了。也就是说，化石必须具有生物属性或能反映生物的生活活动，而那些保存在岩层中的矿质结核、漂亮的卵石，由于它们既不具备生物属性，也与生物的活动无关，因此不是化石。此外，化石还必须是保存在地质历史时期形成的岩层中的生物遗骸和遗迹，那些被埋藏在现代沉积物中的生物遗体或人类有史以来的文物都不属于化石的范畴。

人类对化石产生兴趣，可追溯到很古老的年代。但直到18世纪，人们才开始真正以科学的眼光来从事化石的研究。

我们祖先对化石的生物属性的认识比西方人要早好几百年。早在公元初年，东汉时的《神农本草经》中就已有龙骨的记载，认为这是龙死后留下的遗骸。南北朝时的陶弘景（456—536）已经知道琥珀中的昆虫是由松树流出来的松脂粘住昆虫后埋入土中，经过长久的地质过程形成的。唐朝中

期的书法家颜真卿（709—784）在《抚州南城县麻姑山仙坛记》碑文中指出："南城县有麻姑山，顶有古坛……东北有石崇观，高石中犹有螺蚌壳，或以为桑田所变。"这说明，他已领悟到地壳的沧海桑田变迁，并能利用化石来判断当时当地的环境。北宋杰出科学家沈括（1031—1095）在《梦溪笔谈》中进一步指出："予奉使河北，遵太行而此，山崖之间，往往衔螺蚌壳及石子如鸟卵者，横亘石壁如带。此乃昔之海滨，今东距海已近千里。所谓大陆者，皆浊泥所湮耳。"之后，宋代朱熹（1130—1200）亦有"尝见高山有螺蚌壳，或生石中，此石即旧日之土，螺蚌即水中之物，下者却变而为高，柔者却变而为刚"的论述。然而，在欧洲，虽然古希腊人对化石早已有了一些较正确的认识，但由于教会势力的长期统治，到中世纪时，一般还把化石当作造物主弃置的失败产品。直到文艺复兴时期，意大利著名的艺术家兼工程师达·芬奇(1452—1519)才第一个对化石作出了正确的解释。自此之后，人们陆续发掘出大量化石，并从生物学角度进行了研究。到18世纪与19世纪交替之际，以化石为研究对象的古生物学已发展成为地球科学的一个重要的分支学科。

化石是怎样形成的

化石是由地质历史时期生物的遗体或其生活活动的遗迹被沉积物埋藏之后，在沉积物的压实、固结成岩过程中，经过化石化作用形成的。

那么，是不是所有生物的遗体，或者每种生物所有的组织和器官都能成为化石呢？不是的。化石的形成和保存需要一定的条件。条件不同，所形成化石的类型也不同。

现在，我们来看一看化石形成和保存所需要的条件。化石的形成和保存主要与以下条件有关：

（1）生物体是否具有由化学性质较稳定的物质组成的硬体（如贝壳、骨骼等），生物硬体的部分保存为化石的可能性较大；

（2）生物遗体或遗迹所在环境的物理化学条件是否适合于保存。例如，波浪作用强烈的水域环境不利于生物遗体和遗迹的保存；环境介质的pH值小于7.8时，由碳酸钙组成的生物硬体容易受到溶蚀，故也不利于生物遗体的保存；氧化条件下也不利于有机质的保存；

（3）生物死亡后是否迅速被埋藏。如果生物死亡后，它的遗体能够被迅速而长期埋藏，那就比较容易形成化石；

（4）沉积物的类型对化石的形成和保存也有重要影响。如果钙质生物遗体被化学沉积物（如$CaCO_3$）所掩埋，由于两者同质，遗体与外界交代作用少，形成化石的可能性比较大；

（5）在沉积物固结成岩的化石化过程中，强烈的压实作用和重新结晶的作用，不利于化石的形成和保存。

由于形成化石的条件不同，保存在岩层中的化石也有不同类型。按化石保存特点不同，大致有实体化石、模铸化石、遗迹化石和化学化石四种类型。其中研究得比较深入、意义比较大的是实体化石。在实体化石中，生物遗体全部保存为化石的十分罕见，较常见的是只保存了生物体易保存的某一部分，如一颗牙齿、一块骨头、一枚贝壳或一片叶子等。

图1-1　冻土中的猛犸象

1901年在西伯利亚第四系冻土层里发现的猛犸象化石（图1-1），不仅骨骼完整，皮、毛、血、肉，甚至胃中的食物也保存了下来。这是由于约2.5万年前在该地生活的猛犸象死亡之后，被迅速地埋藏在冻土中所致。

在我国辽宁省抚顺煤田的主煤层

图1-2　保存有昆虫的琥珀

中,含有大量精美的由松脂固结变成的琥珀,其中有一些保存完整的昆虫(如蚊、蜂等)(图1-2)。

必须指出,在化石化过程中,生物硬体原来的成分可能部分或全部被地下水中的矿物质所取代,或者其中稳定性较低的含氮、含氧物质经分解和挥发作用而挥发消失,仅留下了稳定性高的碳质部分,如植物的叶子化石通常是碳质的薄膜(图1-3)。由于化石的形成和保存需要苛刻的条件,因此,保存在岩层中的化石,实际上只是当时生存生物的极少数,而即使这极少数生物,也只保存了其遗体非常少的一部分,这就是生物史记录的不完备性。尽管如此,我们仍可通过化石的研究,揭示不同地质历史时期生物界的概貌。

图1-3　呈碳质膜的植物化石
枝脉蕨,三叠纪

化石,把生物史记录在沉积地层中的特殊"文字"

我国有文字记载的历史已经有3 600多年。商周时期是我国最早有文字记载的历史时期。自此之后,历代的政治、经济和文化状况,都以文字记入了史册。要了解我国古代社会的发展及不同历史时期的情况,从查阅史册就可以了解其大概。

地球的历史比人类社会史长得多,已经有约46亿年了。根据地质演化和生物进化,地球历史学家将地球的历史划分为冥古宙、太古宙、元古宙和显生宙。显生宙又分为古生代、中生代、新生代等各个地质时代。地球上的生物史比地球的历史短,有35亿多年。迄今所知,最早的古生物化石发现于澳大利亚西部和南非距今约35亿年前太古宙的沉积岩层中。生物界的发展,历经上述各个地质时代,一直延续至今。怎样才能了解不同地质时代生物界的情况呢? 主要的办法是研究保存在不同地质时代形成的沉积岩层中的古生物化石。

我们现在已经知道,像现在我们看见的各种植物和动物都有或长或短的寿命一样,古代的植物和动物也是有寿命的。除生物个体有寿命外,各种植物和动物的物种也有寿命,只不过物种的寿命比个体的寿命长得多罢了。譬如,人的寿命一般为70～90岁,最多也不过150岁,但人这个物种的寿命已有20多万年了。地球上的生物史,实际上是旧的物种先后灭绝,新的物种相继诞生的历史。旧物种的个体死亡之后,它们的遗体被沉积物埋藏,在压实和固结成岩过程中,经过化石化作用,形成化石,保存至今。这样,地球上各地质历史时代生物类群及其生活活动的情况,就以化石这种特殊“文字”记录在沉积地层这部巨厚的“史书”中了。如果你想了解某个地质时代生物界的概况,就要对在该地质时代形成的岩层中发掘出的化石进行研究。当然,了解地球上的生物史比了解人类社会史要难多了,因为沉积地层这本“史书”,有成千上万米厚,要想翻阅它,可不是一件容易的事。

18世纪末,英国工程师史密斯(1769—1839)在参加开凿运河的土地测量工作时,首先“翻阅”了英国中生代的沉积地层,发现不同时代形成的岩层中所保存的古生物化石有明显差别。他认为,保存有相同化石的岩层,是形成于相同的地质时代,可以进行对比。他的这一重要发现和认识,开创了运用地层中保存的化石进行地层的划分和对比,确定其相对地质年代的生物地层学研究方法,为地层学中地质年代表的建立奠定了科学基础。

经过各国地层学家和古生物学家几代人的努力,现在已经基本上了解了各地质时代生物界概况并建立了地质年代表(表1-1)。从地质年代表中可以看出:不同地质时代的生物界有其明显特征;距现今的时代愈久远,生物愈原始;反之,则愈接近现代生物的面貌。在距今6亿年以前的太古宙、元古宙海洋中的生物主要是微生物,也有一些藻类,即使有了一些多细胞动物,那也是一些不具坚硬壳体的种类。

表1-1　年代地层单位与生物演化简表

(括号内的宙、代、纪、世等是与年代地层单位宇、界、系、统相当的地质年代)

宇(宙)	界(代)	系(纪)	统(世)	地质时代年龄底线值/10^6 年	生物演化阶段
显生宇(宙)	新生界(代)	第四系(纪)	全新统(世)	0.011 7	
			更新统(世)	2.588	
		新近系(纪)	上新统(世)	5.333	人类出现,近代哺乳动物出现
			中新统(世)	23.03	
		古近系(纪)	渐新统(世)	33.9	
			始新统(世)	56.0	
			古新统(世)	66.0	鲸类出现
	中生界(代)	白垩系(纪)	上白垩统(世)	100.5	灵长类出现
			下白垩统(世)	145.0	被子植物,浮游类钙藻出现
显生宇(宙)	中生界(代)	侏罗系(纪)	上侏罗统(世)	163.5 ± 1.0	鸟类出现
			中侏罗统(世)	174.1 ± 1.0	
			下侏罗统(世)	201.3 ± 0.2	
		三叠系(纪)	上三叠统(世)	237.0	哺乳类出现
			中三叠统(世)	247.2	爬行类中的兽形类、鱼龙、蜥龙出现
			下三叠统(世)	252.17 ± 0.06	

续表

宇（宙）	界（代）	系（纪）	统（世）	地质时代年龄底线值 /10⁶ 年	生物演化阶段
显生宇（宙）	古生界（代）	二叠系（纪）	乐平统（世）	259.8 ± 0.4	
			瓜德鲁普统（世）	272.3 ± 0.5	
			乌拉尔统（世）	298.9 ± 0.15	
		石炭系（纪）	宾夕法尼亚系	323.2 ± 0.4	高级蕨类种子蕨出现
			密西西比系	358.9 ± 0.4	爬行类出现
		泥盆系（纪）	上泥盆统（世）	382.7 ± 1.6	两栖类出现，脊椎动物登陆，石松、节蕨、真蕨等蕨类植物出现
			中泥盆统（世）	393.3 ± 1.2	有登陆能力的肉鳍鱼类出现，裸子植物出现
			下泥盆统（世）	419.2 ± 3.2	
		志留系（纪）	普里道利统（世）	423.0 ± 0.9	低级蕨类裸蕨植物出现，植物登陆
			罗德洛统（世）	427.4 ± 0.5	
			温洛克统（世）	433.4 ± 0.8	维管植物产生
			兰多维列统（世）	443.4 ± 1.5	
		奥陶系（纪）	上奥陶统（世）	458.4 ± 0.9	
			中奥陶统（世）	470.0 ± 1.4	
			下奥陶统（世）	485.4 ± 1.9	
		寒武系（纪）	芙蓉统（世）	497.0	
			第三统（世）	509.0	
			第二统（世）	521.0	
			纽芬兰统（世）	541.0 ± 1.0	具硬壳的动物大量出现，动物大爆发，脊椎动物出现
元古宇（宙）	新元古界（代）	埃迪卡拉系（纪）		635.0	多细胞动物，软躯体动物群出现
		成冰系（纪）		850.0	高级藻类出现
		拉伸系（纪）		$1\,000.0$	

宇（宙）	界（代）	系（纪）	统（世）	地质时代年龄底线值/10⁶年	生物演化阶段
元古宇（宙）	中元古界（代）		狭带系（纪）	1 200.0	
			延展系（纪）	1 400.0	
			盖层系（纪）	1 600.0	
	古元古界（代）		团结系（纪）	1 800.0	
			造山系（纪）	2 050.0	
			层侵系（纪）	2 300.0	真核生物出现
			成铁系（纪）	2 500.0	
太古宇（宙）	新太古界（代）			2 800.0	
	中太古界（代）			3 200.0	
	古太古界（代）			3 600.0	原核生物出现
	始太古界（代）			4 000.0	
冥古宇（宙）				4 600.0	

注：Gradstein等（2012）对太古宙和元古宙提出了重新划分的建议。

在元古宙与显生宙界线附近，出现了带硬壳的动物。早古生代寒武纪时，身体被两条纵沟分成三部分的三叶虫特别繁盛（图1-18）。在奥陶纪和志留纪，笔石动物（图1-22）繁盛，由于它们的演化速度快、物种寿命短、分布也很广泛，因此成为这个时期地层划分与对比的标准化石。在距今4亿多年前的志留纪晚期，裸蕨类植物登陆成功，使地球上的陆地开始披上了绿装。

在晚古生代的泥盆纪，地球上的各种水域里生活着各种各样的鱼类，它们有的生活在海水中，有的生活在淡水中，还有的披着"盔甲"呢！（如泥盆纪时的沟鳞鱼，图1-29）到了泥盆纪晚期，一些可以用"肺"进行呼吸的鱼类用肉质鳍登上潮湿的泥沙滩匍匐而行，经过长期演化，最后演变成了像现代的青蛙那样能够水陆两栖的两栖动物（如泥盆纪晚期的鱼石螈就是其中较重要的化石，图1-36）。两栖动物虽然可以爬上陆地生活，但还不是真正的陆生动物，因为它们的繁殖还离不开水，产卵、受精、孵化和幼体生长发育都是在水中进行的。到距今3亿多年前的石炭纪早期，由两栖动物演化产生了爬行动物。由于爬行动物能产羊膜卵，这种卵可以不依赖外界水环境进行胚胎发育，可以在陆地上孵化，使它们的繁殖摆脱了对水环境的依赖，成为陆地的真正征服者。有一些爬行动物（如海龟）虽然后来又返回到水中生活，但繁殖时仍要回到陆地上产卵。

又经过将近1亿年的演化，到距今2亿多年前的中生代三叠纪晚期，由爬行动物演化产生了哺乳动物。在距今1.5亿多年前的侏罗纪晚期，又由爬行动物演化产生了鸟类。尽管哺乳动物和鸟类已先后在中生代的不同时期产生，但它们的种类和数量都还比较少，仍以爬行动物在各个生态领域中占据优势，因此中生代又被称为爬行动物时代。

到距今6 600万年的新生代，哺乳动物已取代爬行动物而占优势地位，因此称新生代为哺乳动物时代。人是由动物演变来的。与人亲缘关系比较接近的动物有大猩猩、黑猩猩等。人和现代的猿有着共同的祖先。据研究，人和猿的共同祖先在距今五六百万年前就已经分道扬镳，各走各的路。现代人种的直接祖先是能人这个种，它出现于距今约200多万年前。从此，生物的进化就由哺乳动物时代进入到人类时代。

伴随动物界的进化，植物界也在不断进化，由最初的菌藻类演化产生了蕨类，又由蕨类演化产生裸子植物，由裸子植物演化产生被子植物。

纵观生物的历史，就是这样总体上由简单到复杂、由低等到高等、由水生到陆生的历史发展过程。在这个过程中，旧的生物类群先后灭绝，新的类群相继诞生，地球上的生命就是这样生生不息、永无止境。

由于生物类群由低等到高等、由简单到复杂的进化过程是不可逆的，因此，在一条厚度巨大的沉积地层剖面上，自下而上（即从老到新）的不同岩层中，可以发现处于不同进化水平的古生物化石。譬如，美国亚利桑那州的大峡谷剖面,厚度巨大,记录了7亿年以来的地质史和生物史(图1-4)。该剖面的底部为元古宙的沉积,含不具硬体的水母类化石;上覆寒武纪地层,主要含三叶虫化石;在石炭系中则保存有鱼类化石;在随后的二叠系中,保存了盘龙类爬行动物化石;而在最晚沉积的中新统岩层中则含有哺乳类化石。由于在不同地质时代形成的沉积岩层中保存有不同进化水平的生物化石,因此,地层学家可以根据他所研究的地层中古生物化石群的特征确定地层的相对地质年代。

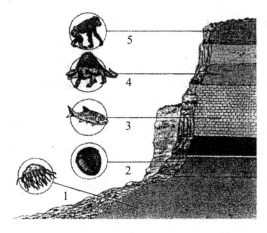

图1-4 美国亚利桑那大峡谷剖面的地层和古生物

1.元古宇,水母类化石;2.寒武系,三叶虫化石;3.石炭系,鱼类化石;

4.二叠系,盘龙类化石;5.中新统,哺乳动物化石

二、5.4 亿年前的生物界

通过初中生物学课程的学习，青少年朋友对现代生物界的面貌已有了一些了解。可是，你知道距今5.4亿年前生物界的面貌吗？据古生物学研究，5.4亿年前生物界与现代的生物界的面貌大不相同，那时没有大树，没有鲜花，地上没有走兽，天上没有飞鸟。那么，5.4亿年前的生物界究竟是怎样的呢？你想知道吗？那就请你同我一起回到5.4亿年前的地球上去看一看吧！

太古宙早期的地球上，没有海洋，没有生物，炽热而缺乏氧气。随着地球表面温度的下降，水蒸气凝聚，于距今约40亿年前形成了原始海洋，但最早的沉积岩见于距今38亿年前。

原始海洋是生命的摇篮。早期海洋沉积岩层中保存的化石，记录了5.4亿多年前的生物史。古生物学家在澳大利亚西部和南非距今35亿年前的沉积岩层中，发现了迄今所知道的最古老的微生物化石及其活动产物——叠层石，这说明，地球上的生物史已有35亿多年了。

太古宙的生物界全部为细胞结构原始、不具细胞核的原核生物，不需氧气（厌氧），靠摄取原始海洋中的有机化合物生活（异养），为厌氧异养型生物。在自然选择作用下，由厌氧异养生物分化出厌氧自养（自己制造食物）生物。后来光合自养生物（如蓝细菌）的出现和逐渐繁盛，使大气圈和水圈中自由氧的含量逐渐增加。到元古宙早期，生物界发生了巨大变化，由厌氧生物中分化产生了喜氧生物，生物的代谢水平大大提高——由无氧呼吸向有氧呼吸转变,终于导致具有细胞核的真核生物的出现。

迄今所知,地球上最早的真核生物可能出现于距今25亿多年前,其根据是在澳大利亚北部距今25亿~27亿年的沉积岩中分析出真核生物特有的生物标记物——甾烷。保存了细胞形态的真核生物化石何时出现,尚有争论,从20多亿~12亿年不等,但加拿大出现的12亿年的*Baniomorpha*被确定是真核生物(红藻)。

随着真核生物的出现和其代谢水平的提高,生物界的演化速率比早期明显加快,在元古宙晚期出现了有性生殖、动植物分化和多细胞有机体,形成了由动物、植物和菌类组成的三极生态系统。在元古宙晚期地层中,不仅发现了多种球状、丝状的微观藻类,而且发现了多种肉眼可见的宏观藻类的化石。

图1-5　发现于澳大利亚南部埃迪卡拉地区大约5.6亿年前的庞德(Pound)
石英砂岩中的形态多样而奇特的动物印痕化石复原图
1.似水母类;2~3.似海鳃类;4~7.似环节动物

从新元古代（距今10亿～5.4亿年）开始，生物界中出现了多种多样的多细胞动物。动物界的演化，已由单细胞的原生动物，经过两个胚层的腔肠动物，进入到了具有三个胚层的环节动物阶段。与其后寒武纪的动物不同，新元古代的动物体一般都是裸露的软躯体，不具有保护性硬壳。这一时期的生物化石，以发现于澳大利亚伊迪卡拉距今约5.6亿年前的软躯体动物群最为有名（图1-5）。该动物群中有在海水中营漂浮生活的似水母类，在海底营固着生活的似海腮类以及在海底蠕行的似环节动物。它们在距今7亿～5.4亿年的新元古代晚期，几乎遍布于世界各地。在我国宜昌、陕南、淮南、辽南等地同一时期的地层中也发现了与之类似的动物化石。

总之，从生命在地球上起源，到新元古代结束，经过近30亿年的漫长岁月，生物界出现了缓慢而巨大的变化。生物体的细胞结构由原核发展为真核，营养方式由异养发展到自养，由化能自养发展到光合自养，代谢水平由无氧呼吸提高到有氧呼吸，生殖方式由无性繁殖发展到有性繁殖，终于在元古宙晚期导致了动物和植物的分化。动物、植物、菌类三大生态系统的形成以及生物体结构的复杂化，为生物界的后期发展奠定了坚实的基础。

三、地质历史时期的一年有多少天

　　青少年朋友都知道，现在的一年有12个月、365天，一天有24小时。那么，你是否也知道地质历史时期的一年有多少天？一天有几个小时？恐怕不知道吧！你想知道吗？请你到不同地质历史时期珊瑚骨骼表壁的生长带上去寻找答案吧！

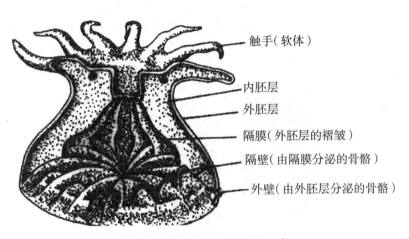

触手（软体）

内胚层

外胚层

隔膜（外胚层的褶皱）

隔壁（由隔膜分泌的骨骼）

外壁（由外胚层分泌的骨骼）

图1-6　石珊瑚盘状骨骼的形成

　　珊瑚虫是具内、外两个胚层的腔肠动物，它的外胚层可以分泌钙质，形成骨骼（图1-6）。外胚层细胞分泌钙质形成骨骼的过程，对环境因素的变化十分敏感。海水温度的季节和昼夜变化，直接影响珊瑚虫形成骨骼的速率：温度高，形成骨骼的速率快；反之则慢。因此，在珊瑚骨骼表壁上发育了反映海水温度季节和昼夜变化节律的生长带和生长线。生长带是珊瑚虫年生长变化的结果，它由膨胀带和压缩带及其间的若干生长线构成。膨胀带代表了夏季生长，因环境条件有利，珊瑚虫分泌的钙质多，致使骨骼表壁明显膨凸；压缩带可能是冬季或不利条件下的生长物。在一个生长带内，有许多宽度仅若干微米的细环脊（即生长线），这是日生长周期的反映，可能与光线变化强度有关。这样，地质历史时期不同年代的季节和昼夜变化节律，就以生长带和生长线的形式记录在珊瑚骨骼的表壁上了。难怪有人称珊瑚化石表壁上保留下来的节律生长痕迹为"古生物钟"。

1963年，威尔斯首先对距今3.6亿多年前泥盆纪半拖鞋珊瑚（图1-7）标本表壁上的生长带进行计数，确定泥盆纪时每年约400天。后来又确定石炭纪时每年约390天。为证明用生长带确定地质历史时期一年天数的正确性，他还数了现代珊瑚几个种的标本，结果为每年大约有365条生长线。这说明，根据珊瑚骨表壁的生长带，是可以确定地质历史时期一年的天数的（图1-8）。

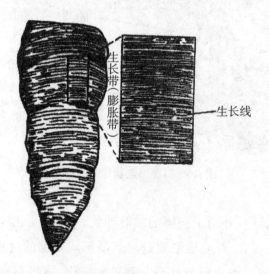

生长带（膨胀带）

生长线

图1-7　四射珊瑚（半拖鞋珊瑚）的生长带及生长线

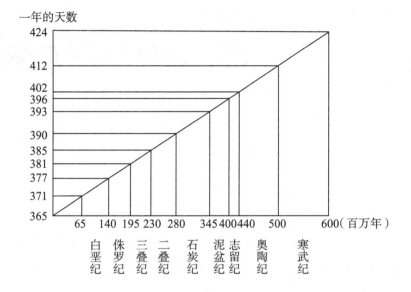

图1-8 地质历史时期每年的天数变化
（纵坐标表示每年的天数；横坐标表示同位素年龄，以百万年为单位）

如果地球绕太阳运动的轨道不变，它公转一周的时间就不大可能有变化。这就可以用下面的代数式，求出当时一天有多少个小时（x）。

$$365 \times 24 = 400x（泥盆纪一年约400天）$$

$$x = 21.9（小时）$$

即泥盆纪时一年的天数比现在多，但一天的时间（21小时54分）比现在少。

根据珊瑚骨骼表壁生长带，推算出泥盆纪和石炭纪时一年的天数要比现在多，而一天的时间要比现在少，这已为地球物理学和天文学的计算结果所证明。因为潮汐摩擦，使地球自转速度变慢，使每天的时间经过一个世纪后大约增加0.001 6秒，故每年的天数也缓慢减少。

四、海豆芽与石燕

　　我们经常可以看到一群群小燕子在天空中飞来飞去,也经常可以在菜场里买到鲜嫩的黄豆芽、绿豆芽。因此,大家都知道小燕子和豆芽是什么样子的。那么,你是否知道,在古代的海洋里,曾经生活着许多像燕子和豆芽那样的腕足动物,它们就是本节要给大家介绍的石燕和海豆芽。

　　腕足动物是海生,底栖,具真体腔,体外披着背、腹两瓣、大小不等但两侧对称的硬壳的无脊椎动物。动物软体的最外部是紧贴在硬壳内面的两片外套膜。由外套膜围成的外套腔被横隔膜分成前后两部分,后部为内脏腔,软体大部集中于其内,前部为腕腔,其内两个纤毛腕。口位于两个纤毛腕着生点之间的横隔膜上。有腕骨支持的纤毛腕是摄食器官,通过腕和外套膜边缘纤毛的定向摆动引起的水流,既可把食物带入口中,又可将代谢的废物排出体外。在壳体的后部伸出一个可以伸缩的肉质茎,借以把壳体固着在海底硬物上或插入泥沙底质内。腕足动物出现于寒武纪早期,在奥陶纪、泥盆纪、石炭纪和二叠纪的海洋中非常繁盛,留下丰富的化石,自二叠纪末期急剧衰退以来,一直处于不景气状态,在现今的海洋中仍生存着约70属260余种。在我国沿海生存的有海豆芽和小穿孔贝(图1-9)。

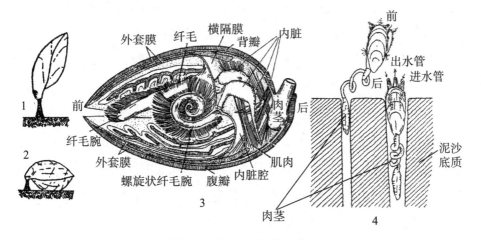

图1-9 小穿孔贝与海豆芽

1、2、3.小穿孔贝生活状态（1、2）及纵剖面（3）；4.海豆芽生活状态

    石燕是腕足动物中的一个类群，背、腹两瓣壳是钙质的。由于它的一对纤毛腕有呈螺旋状向左、右两侧延伸的腕骨支持，因此外壳的相应部分也向左右两侧延伸，形如展翅的小燕子，这种海洋动物也因此而得名。在石燕壳的外表面有许多隆起的壳褶，使之更加美观（图1-10）。在由早志留世至早侏罗世的海洋里，石燕类是海洋动物群的重要成员，也是这一时期形成的海相地层中的重要化石，很受各国古生物学家重视。此外，石燕还是一味中药呢！如果你想认识它的话，可以到中药铺里去买几个。

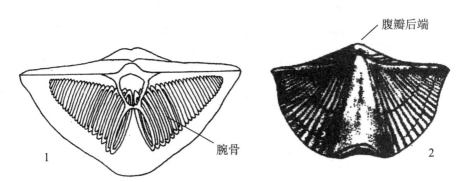

图1-10 泥盆纪的刺菵石燕

1.腹壳内螺旋状腕骨示意图；2.壳体背视

　　海豆芽是腕足动物中的另一个类群,它的两瓣壳双凸、直长,呈舌状,故名舌形贝,舌形贝的壳是磷酸钙质的。自两瓣壳后方伸出的肉茎可以伸缩,用以将动物体锚定在洞穴的底部(图1-9、图1-11)。洞穴是由两瓣壳的相对转动和纵向滑动,在海滨浅水的软质沉积物内挖掘而成。生活时将壳的前缘露出沉积物表面,借腕上的纤毛摆动滤食微生物。受惊扰时,肉茎收缩将壳体拉入洞穴内。它们生活时的形态类似于由土中萌出的豆芽,故又得名海豆芽。海豆芽的化石始见于早寒武世岩层中,奥陶纪时繁盛。在现代海洋浅水的泥沙质海底仍有较多海豆芽生存,与其祖先相比,仍然相似,因此海豆芽被古生物学家称作"活化石"。

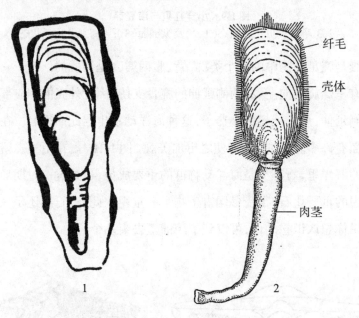

纤毛

壳体

肉茎

1　　　　　　　2

图1-11　海豆芽
1.保存在3亿年前岩石中的海豆芽化石;2.现生海豆芽的外部形态

五、非常有趣的头足动物化石

乌贼（又称墨鱼）是大家比较熟悉的海洋动物。你不仅见过它的容貌，还可能吃过它的肉呢！你知道为什么称它为头足动物吗？因为它的运动器官兼施放墨汁的漏斗是长在头部附近的。

在古生代和中生代的海洋里，也生活着许多属于头足类的软体动物（图1-12，图1-13）。它们具有外壳，有的像牛角，有的像菊花，十分有趣。由这些外壳形成的化石，被古生物学家称作角石和菊石。

图1-12　一个躺在奥陶纪海底的直角石

就像现代的牛角有各种不同的形状一样，角石的形态也是多种多样的（图1-14），有直形的、弓形的、环形的，还有旋卷形的。角石是由许多壳室前后相继串联构成的（图1-14），

图1-13　生活在海底的弯卷角石

壳室之间有体管相通连。当动物活着时，它的身体只住在最前面一个开敞的壳室（住室）内，而后面的那些壳室都是空着的。那么，后面的那些壳室是否一直是空着的呢？不是的。原来，在幼龄期，动物体是住在从后往前（或从内向外）数

的第二个壳室的。当它的身体长大一些后,旧的壳室住不下了,就由体表分泌钙质形成新壳室。这样,随着动物体的阶段性增长,就形成了由小到大的锥形壳或旋卷壳。各壳室由(肉质)连通管连接,变成可充气的气室,有利于角石类在水中游移。

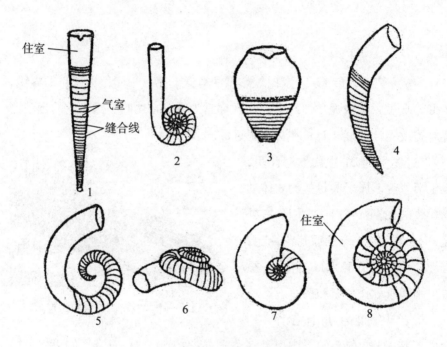

图1-14 头足类壳的类型
1.直角石式壳;2.喇叭角石式壳;3.短角石式壳;4.弓角石式壳;
5.环角石式壳;6.锥角石式壳;7.鹦鹉螺式壳;8.触环角石式壳
(壳面上的线条是缝合线,相邻两缝合线间为一壳室)

角石类始现于晚寒武世晚期,奥陶纪达到全盛,到三叠纪已大部分绝迹,延续到现代的仅一属(即鹦鹉螺,图1-15)数种,全部分布在印度洋至太平洋的热带海区。

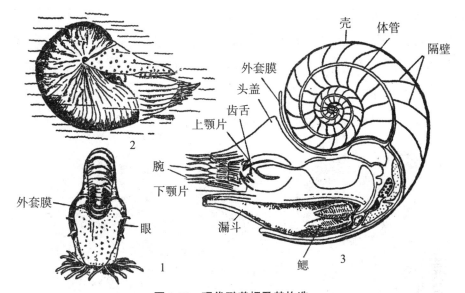

图1-15　现代鹦鹉螺及其构造

1.在海底爬行；2.在水层中浮游；3.纵切面,示内部构造

　　菊石与角石的基本构造相似,壳体也是由许多壳室组成。主要的不同在于分隔这些壳室的隔壁的形态与构造。角石壳的隔壁都是平直的,或者稍微有一些凹曲；隔壁边缘与壳壁内面相接触形成的缝合线平直或略凹；而菊石壳的隔壁却不同程度褶皱,缝合线显著地弯曲(图1-16)。

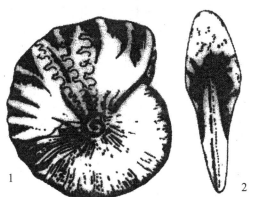

图1-16　三叠纪的假胄菊石(Pseudosageceras)

1.背视；2.侧视

(上部三条规则的曲折线是缝合线)

菊石类在海洋中营浮游生活，地理分布很广泛。它们在奥陶纪开始出现，自泥盆纪至侏罗纪最繁盛，于白垩纪末期灭绝。在中生代的陆地上，恐龙是占统治地位的脊椎动物；而在同一时期的海洋里，菊石类则是数量最多、占统治地位的无脊椎动物。它们死亡之后，大量的介壳堆积，可以形成以菊石壳为主要成分的石灰岩（图1-17）。

图1-17　一块含有大量菊石壳的岩石
（采自英国莱姆的早侏罗世地层）

随着时间的推移，菊石类壳体的旋卷方式和缝合线形态出现有规律的变化。根据这些变化，不仅可以对菊石进行分类鉴定，而且很容易确定含某种菊石的地层的相对地质年代。因此，古生物学家常常把菊石当作划分中生代海洋沉积地层的标准化石。

六、寒武纪海洋里最繁盛的动物——三叶虫

当你步入古生代的化石世界时,最先引人入胜的恐怕就是三叶虫了。你看它的体态那么的优美,整个身体分为头、胸、尾三部,背甲被两条背沟纵向分为一个轴叶和两个肋叶,真是名副其实的三叶虫(图1-18)。

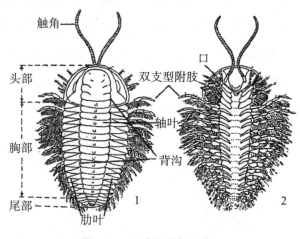

图1-18　三叶虫外部形态
1.背视；2.腹视

三叶虫是节肢动物门化石种类中最重要的一类,已记述过的种数超过了1万个。从古生代开始(约距今5.4亿年)到结束(距今2.5亿年),在长达3亿余年的漫长时期内,三叶虫一直活跃在海洋中,尤其在寒武纪的海洋里,它们以种类多、数量大而占据绝对优势,因此,人们称寒武纪为三叶虫时

代。在寒武纪之后，由于前面介绍过的角石类兴起，大量捕杀三叶虫，才使它们逐渐衰落，并于距今2.5亿年前的二叠纪末灭绝。

三叶虫的腹面长有许多对附肢，可以在海底爬行，或者在海水中漂游。由于它的身体分为许多节，在受到惊扰时，可以像许多身体分节的动物那样，将身体蜷曲起来。在地层中，有时可以看到呈蜷曲姿态保存的三叶虫化石。

由于三叶虫的身体分为头、胸、尾三部，当它们死亡之后，这三部分常常解离，所以在化石状态，整个虫体完整保存的并不多见，经常见到的仅是其头部或尾部。在我国山东省泰安市南部大汶口附近的一座小山脚下的寒武纪岩层中保存有丰富的三叶虫化石。各种三叶虫化石在石块上表现为凸起的和凹陷的"花纹"，这些"花纹"，有的像展开着翅膀的蝙蝠，有的像蝴蝶，也有一些像一颗颗的豆粒，当地的老乡把这些带有花纹的石头叫做蝙蝠石、蝴蝶石（图1-19）和豆石。研究三叶虫化石，不仅可以使我们了解这一类古老节肢动物的生物学特征，而且有重要地质意义，它是古生代早期地层划分和对比不可缺少的重要化石。此外，保存完整的三叶虫化石，还是各个国家自然历史博物馆收藏的珍品。山东泰安大汶口附近的老乡还把带有蝙蝠虫、蝴蝶虫的石块加工成砚台和其他工艺品，这些工艺品畅销国内外。

图1-19　泰安大汶口寒武纪的两种三叶虫的尾部化石
1.蝴蝶虫；2.蝙蝠虫

七、海星与海百合

在现代海洋中,生活着一类外形如五角星的动物,称为海星类;还生活着一类形似植物界中的百合花的海百合。由于在海星和海百合的身体表面有许多瘤突或棘刺,因此又称它们为棘皮动物。

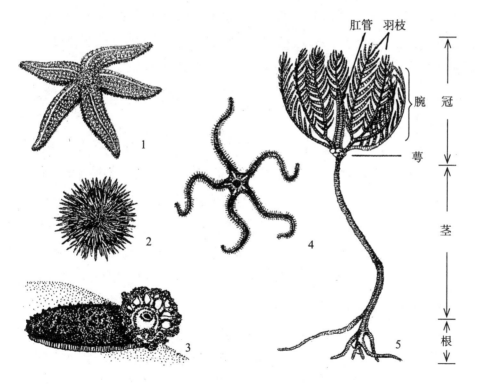

图1-20　现代海生棘皮动物
1.海星;2.海胆;3.海参;4.海蛇尾;5.海百合

除海星和海百合外,大家吃过的海参,看见过的海胆和海蛇尾,它们都属于棘皮动物(图1-20)。棘皮动物尽管属于无脊椎动物,但它的骨骼并不是像一般无脊椎动物那样由外胚层发育而来的外骨骼,而是由中胚层形成的内骨骼,再加上口腔形成的方式和幼体的形态与原始脊索动物相似,因此人们认为棘皮动物是脊索动物的近亲,为无脊椎动物中最高等的类群。

棘皮动物的骨骼有一个显著的特征,那就是组成骨骼的矿物——方解石具有网状结构。对于地质古生物学家来说,了解这一特点特别重要。因为只要根据一小片骨骼化石,观察其方解石是否具有网状结构,就可以确定该骨片是不是棘皮动物的遗骸。如果是棘皮动物的遗骸,那就可以进一步确定保存该骨片的地层可能是海相地层,因为所有的棘皮动物都是海生的。

在棘皮动物中,海星的体制是典型的五出辐射对称,由中央体盘向四周发射出五个突出的腕,形似五角星。它们的身体扁平,口面向下,反口面向上,腕上长许多管足,借管足末端的吸盘吸着海底而移动身体。海星类最早出现于距今4.4亿多年前的奥陶纪晚期,经过长期演化延续至今,在现代海洋中仍然比较繁盛。

海百合的身体分为茎(包括根部和柄)、萼、腕三部分,为有柄的棘皮动物,大多以茎固着生活于海底或浮木上,远远望去,好似植物中的百合花,因此而得名。海百合的茎由一系列钙质茎环连接而成,基底有时生根,或呈锚状,用以固着于海底。茎的顶端为萼,形似花萼。萼上着生5个具有许多羽枝的腕。现生海百合中无茎的种类,借助腕上羽枝的摆动可以在海底移动,主要生存于浅海,但有茎的种类则大多过着固着的底栖生活,在印度洋和太平洋底部常常密集成群。古生代和中生代的海百合,大多在浅海底栖。海百合类最早出现于距今约4.8亿年前的奥陶纪早期,在漫长的地质历史时期中,曾经几度(石炭纪和二叠纪)繁荣,其属种数占各类棘皮动物总数的三分之一,在现代海洋中生存的尚有700余种。在海百合类繁盛时期(石炭纪和二叠纪)形成的海相沉积岩中,海百合化石非常丰富,甚至可以成为建造石灰岩的主要成分,但所见到的,多为分散的茎环,而完整的海百合化石十分罕见(图1-21)。

图1-21 许氏创孔海百合化石
(贵州关岭,晚三叠世)

八、奇异的笔石

　　笔石是一类在距今约3.5亿年前就已灭绝了的海洋动物,距离我们生活的时代已经很久远了,所以大家对它们都很陌生。由于它们在距今4.2亿～4.8亿年前的奥陶纪和志留纪海洋中非常繁盛,受到各国古生物学家和地层学家重视,因此有必要把它们介绍给大家。

　　一提到"笔石"这两个字,大家一定会以为这类化石的形状像我们写字用的笔。其实,笔石的样子一点也不像我们现在所用的笔,倒有点像是雕刻在岩石层面上的象形文字。笔石这个名字的拉丁文原意就是雕刻的意思。

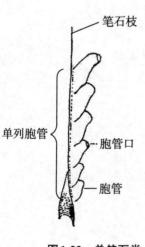

图1-22　单笔石类

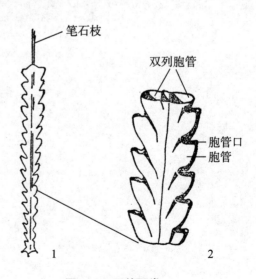

图1-23　双笔石类

笔石动物的个体很小，每个个体都居住在一个被称作"胞管"的管子中，而各个胞管又很有秩序地、一个紧贴一个地排列在一根"笔石枝"上，就像一根小锯条上的一些锯齿。有的笔石枝上只有单列胞管，如单笔石类（图1-22）；有的具双列胞管，如双笔石类（图1-23）；而一个笔石体又是由一枝、二枝或若干枝笔石枝构成。如对笔石（图1-24）的笔石体有两个笔石枝，胞管呈直管状，紧密排列在枝的内侧。因此，我们说，笔石是由若干个体集合而成的群体动物。有时，多个笔石体聚生在一个浮泡上，形成一个笔石簇（图1-25）。

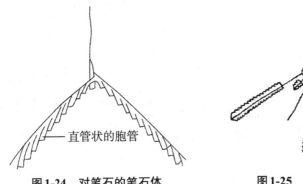

图1-24　对笔石的笔石体

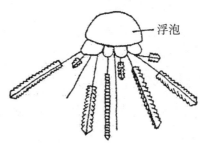

图1-25　笔石簇示意图

笔石动物在3.5亿～5亿年前的古生代海洋中广泛分布，以奥陶纪和志留纪最繁盛。它们中的多数在海洋表层营漂浮生活；少数粘着在海底物体上，营附着生活。

关于笔石动物在动物系统分类中的地位，经过科学家们长期的研究，现在认为，这一类已灭绝的动物与现今生存的一类半索动物——杆壁虫有比较密切的亲缘关系，因此认为笔石动物应属于半索动物门中的一个类群。

看上去，笔石远不及三叶虫漂亮，为什么同样受到古生物学家和地层学家重视呢？前面介绍过的三叶虫，是寒武纪海洋里最繁盛的动物，因此，在研究寒武纪的海洋生物和寒武纪形成的地层时，就非常看重三叶虫化石。然而，从奥陶纪开始，由于角石类等新的动物类群逐渐繁盛，三叶虫在海洋动物中的地位就不如寒武纪时期了。笔石动物虽然在寒武纪中期就已出现，但在寒武纪时还未达到鼎盛阶段，可是，到了奥陶纪和志留纪，它们就非常繁盛了。在这个时期形成的沉积岩层，尤其在页片状泥质岩的层面上，笔石动物的化石非常丰富多样。由于笔石具有分布广、数量多、演化快的特点，因此，地层学家把笔石当做奥陶纪和志留纪地层划分和大区域对比的标准化石。

那么，什么是标准化石？哪些化石可以选作标准化石呢？标准化石是指生活在特定的地质历史时期，能用来确定其所在地层地质时代的化石。譬如，在对笔石属中，"双分对笔石"种仅限于奥陶纪早期形成的地层，而"良好对笔石"种则只发现于奥陶纪中期形成的地层。当在你所研究的地层中保存有"双分对笔石"时，那就可以确定该地层是距今约4.7亿年前的奥陶纪早期形成的。如果在你所研究的地层发现的是"良好对笔石"，那它所反映的地质时代就是奥陶纪中期了。因此，可以把"双分对笔石"当作划分奥陶纪早期地层的标准化石，而把"良好对笔石"作为确定奥陶纪中期地层的依据。

当然，不是保存在地层中的所有化石都能选作标准化石。作为标准化石，必须具备下列条件：①应当是演化速度快，在地球上生存时间短的生物种类的化石；②必须是在岩层里有足够数量，通过正常努力能被发现并容易采集和鉴定的化石；③必须是地理分布广，以便根据它建立的化石带能广泛应用的化石。由此看来，选用作标准化石的条件还是比较苛刻的。笔石、三叶虫、角石和菊石都有一部分可作为标准化石。在陆相地层研究中，如高等植物的孢子、花粉，因为可以随风远播各地，故它们的化石常常可以提供全球性的生物时间带，因而也被选作标准化石。

九、3亿年之前的鱼类

鲤鱼、草鱼是大家熟悉的淡水鱼类。它们身被鱼鳞，口有上、下颌，能取食和咀嚼，除有背鳍和尾鳍外，还有成对的胸鳍、腹鳍和臀鳍，能在水中自由游泳。那么，你知道距今3亿年前的鱼类是什么样的吗？让我们通过那时地层中埋藏的化石去了解它们吧！

早期的无颌类

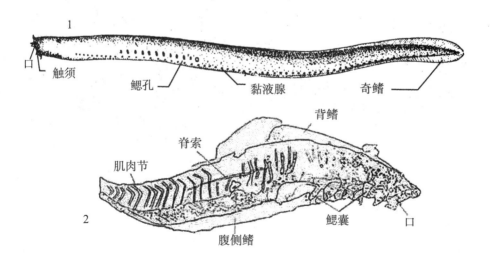

图1-26 盲鳗(1)和昆明鱼(2)

　　无颌类是最原始的脊椎动物,出现于距今5.2亿年之前的寒武纪早期,一直延续至今。生存于淡水或海水中的七鳃鳗和盲鳗(图1-26)就是其现存的代表。它们的共同特征就是:没有上、下颌,此外还有一些脊椎动物的原始特征,如没有水平半规管,单一的外鼻孔等。2001年,舒德干等人在云南省昆明市海口镇寒武纪早期的澄江动物群中发现的昆明鱼和海口鱼是迄今所知最早的无颌鱼类。

　　在早期的无颌类中,还有一些在身体前部发育骨质硬甲的种类,统称甲胄鱼类。它们何时出现,目前还不确定,但它们的化石在志留纪和泥盆纪的地层中颇为常见。例如,在欧洲早泥盆世地层中常见半环鱼的化石(图1-27)。它身体的前部具扁平的骨质头甲,但身体后部披鳞,左右侧扁,胸部具类似胸鳍的结构,在头甲两侧还有发电区。在我国云南、四川泥盆纪早期地层中常发现的盔甲鱼(图1-28)也是早期具骨质硬甲无颌类的重要代表。骨质硬甲虽然对早期无颌类的生存有保护作用,但厚重的骨甲却不利于运动和取食,无颌则使其不能主动取食,以致随着有颌类的出现和发展,迫使具骨质硬甲的无颌类迅速衰退,于泥盆纪晚期绝灭。

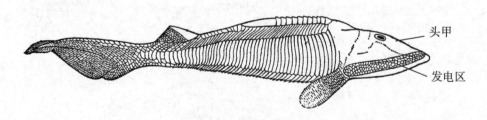

头甲

发电区

图1-27　半环鱼复原图
(英国,早泥盆世)

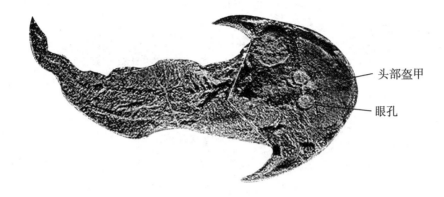

图1-28　盔甲鱼复原图
（中国云南,早泥盆世）

右侧图注：
头部盔甲
眼孔

早期的有颌鱼类

　　有颌鱼类包括盾皮鱼类、棘鱼类、软骨鱼类和硬骨鱼类。它们的共同特征是口有上、下颌,能主动取食和咀嚼,除有背鳍和尾鳍外,还有成对的胸鳍、腹鳍和臀鳍,叫做偶鳍,能在各种水域自由游泳。颌的出现是生命史中的一次革命性事件,使这类鱼能主动捕食。有颌鱼类偶鳍的出现,不仅增强了鱼类的运动能力,还为四足型动物的四肢奠定了原始格局。

　　1.盾皮鱼类

　　盾皮鱼类生存于志留纪早期至泥盆纪晚期,在头和躯干前部具骨质硬甲的有颌鱼类。它们的形体相差悬殊,大者的体长可超过9米,小者仅几个厘米;有的生活在淡水中,有的生活在海洋里;头和躯干背腹扁平,而身体的后半部则左、右侧扁,在头部和躯干前部具硬甲,其中头甲与躯干甲之间有关节,上颌可运动,而在躯干的后半部披鳞片或裸露;尾为歪型尾。我国南方泥盆纪地层中常见的沟鳞鱼（图1-29）是其重要化石代表。

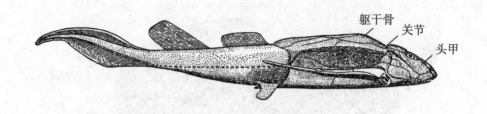

图1-29 沟鳞鱼复原图
（加拿大，晚泥盆世，×2/5）

2.棘鱼类

棘鱼类生存于志留纪早期至二叠纪早期，在背鳍、胸鳍、腹鳍和臀鳍前端具骨质硬鳍。它们的个体不大，体长不超过30厘米，体被细小菱形鳞片，内骨骼已开始骨化，歪型尾（图1-30）。早期的种类在海洋的近岸浅水中生活，后来向淡水扩展。棘鱼类整体保存为化石的情况极为罕见，一般只保存其硬棘。在我国武汉市汉阳锅顶山志留纪地层中易采集到棘鱼的硬棘化石。

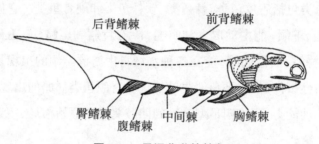

图1-30 早泥盆世的棘鱼

3.软骨鱼类

一提到软骨鱼类，大家就会想到海洋中凶猛的鲨鱼。其实，软骨鱼类具有极高的经济价值。它们的肉可供食用，皮可制革，鳍可加工成有名的菜肴——"鱼翅"，骨骼可提制硫酸软骨素，软骨提取物已用于治疗癌症，肝脏可提取鱼肝油和维生素A、D，肝脏提取物甲鲨烯具抗癌功能，脊髓可提取胆固醇，内脏还可制成鱼粉。你看，软骨鱼是不是全身都是宝？难怪人们都想了解它,许多国家都把捕捞软骨鱼作为主要渔业对象之一。

软骨鱼类因体内骨骼全为软骨而得名,出现于距今4.3亿年之前的志留纪早期,一直延续至今。现存的软骨鱼约有970多种,广布于世界各大洋,从表层到3 000米深的水层,从沿岸到大洋都有分布。它们的主要特征是:①骨骼为软骨;②体披盾鳞、棘刺或光滑无鳞;③口在腹面,肠中有螺旋瓣;④鳃裂5～7对,直通体外或具一膜状鳃盖;④无鳔;⑤雄体有鳍脚,体内受精,卵生或卵胎生;⑥歪型尾(图1-31)。

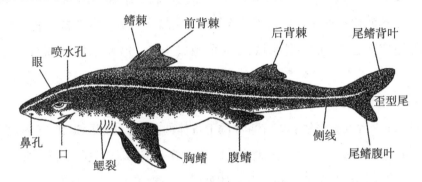

图1-31 软骨鱼类角鲨的外形
(体长约2米,大者可达7米)

软骨鱼类的骨骼是软骨,很难保存为化石,保存为化石者一般为其牙齿、鳍刺等。若在鱼粪化石上见到有旋纹,那极有可能是软骨鱼的,因为在它们的肠内有螺旋瓣。在美国晚泥盆世克利夫兰页岩中发现的裂口鲨(图1-32)可作为早期软骨鱼类的代表。

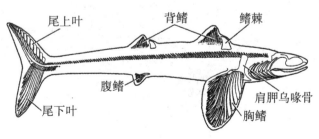

图1-32 裂口鲨复原图
(美国,晚泥盆世)

　　裂口鲨的体型如现代鲨鱼,有两个背鳍,近歪型尾,牙齿具高耸的中尖及两侧低矮而对称的一个或两个侧尖。

　　从已知的化石记录看,软骨鱼类在由志留纪早期到现今的4亿多年里发展比较稳定,既未十分繁盛,也未十分衰退。现生型软骨鱼在白垩纪发生适应辐射,并逐渐演化成现在的各种类型。

　　4.硬骨鱼类

　　硬骨鱼类因其骨骼高度骨化而得名。自志留纪晚期出现之后,经过4亿多年的演化和适应辐射,成了当今地球水域中最成功的脊椎动物。它们广泛适应于地球上的各种水域,从小的池塘、溪流,到大的河流、湖泊以及浩瀚的海洋,其种类之多、数量之大,堪称脊椎动物之首。它们的主要特征是:①骨骼高度骨化,一般为硬骨(原始种类为软骨);②体披骨质鳞,部分种类具硬鳞,少数种类无鳞;③口通常位于身体的前端;④鳃隔退化,有鳃盖遮护,通过鳃裂的水,经鳃盖后缘排出;⑤大多数有鳔,少数种类除用鳃呼吸外,还可用鳔代肺呼吸;⑥多数是体外受精,卵生;⑦尾一般为正型尾(图1-33)。根据鳍的形态和支持骨的结构,硬骨鱼类可分为辐鳍鱼类和肉鳍鱼类两个次一级分类群。

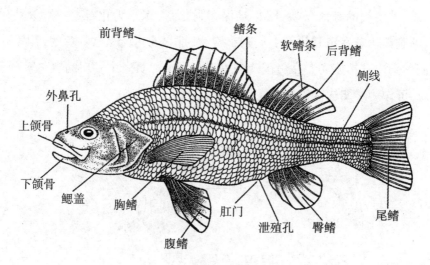

图1-33　硬骨鱼类(鲈鱼的外形)

辐鳍鱼类因各鳍有真皮性的辐射状鳍条支持面得名。从晚志留世延续到现在,包括的种类很多,占现代鱼类总数的90%以上,代表了硬骨鱼类演化的主干。软骨硬鳞鱼是最原始的辐鳍鱼类,其内骨骼主要为软骨,体表一般被有菱形的鳞片。发现于晚泥盆世的莫氏鱼(图1-34)可作为其代表。从晚二叠世开始,由软骨硬鳞类演化产生了介于软骨硬鳞类与真骨鱼类之间的全骨鱼类。而骨骼全为硬骨,体被骨质鳞,尾为正型尾的真骨鱼类在中三叠世才出现,在侏罗纪晚期取代全骨鱼而成为辐鳍鱼类的演化主干,经新生代的适应辐射而成为广大水域的真正征服者。

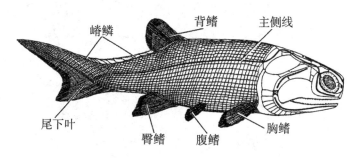

图1-34 莫氏鱼复原图

肉鳍鱼类以其偶鳍的基部有发达的肌肉和强壮的支持骨而独具特征,是衍生出四足动物的硬骨鱼类,在生物进化上有很重要的地位。朱敏等人近年来在云南志留纪晚期发现的鬼鱼被认为是迄今所知最早的肉鳍类。它还包括以往在云南泥盆纪早期地层中曾经发现的杨氏鱼、奇异鱼、斑鳞鱼、无孔鱼、蝶柱鱼等。因此,我国南方被认为是肉鳍鱼类的起源地和早期辐射中心。根据牙齿特征、偶鳍肉支持骨结构及内鼻孔的不同,肉鳍鱼类分为肺鱼类、空棘形类和四足形类三个次级分类群。

肺鱼类由早泥盆世至今,包括化石和现生的肺鱼及其近亲。现生的肺鱼只有3属6种,分布在南半球的南美洲、澳洲和非洲热带地区的淡水环境里,主要特征是牙齿特化为扇形齿板,偶鳍的支持骨呈双列型。该类群的早期代表包括在云南泥盆纪早期地层中发现的杨氏鱼和奇异鱼。其中的奇异

039

鱼被认为是最原始的肺鱼。

空棘类由中泥盆世至今，牙齿锥状、迷齿型，偶鳍内的支持骨单列型。早期种类生存于淡水环境，从二叠纪起出现海生种类，现生的矛尾鱼(拉蒂迈鱼)生存于南非东部沿海50～300米深的海水中。

四足形类，早泥盆至今，具内鼻孔。以发现于加拿大晚泥盆世地层中的真掌鳍鱼(图1-35)为代表，它的头骨模式和偶鳍支持骨的结构与两栖动物的祖先比较接近。下文所述的肯氏鱼亦属此类。

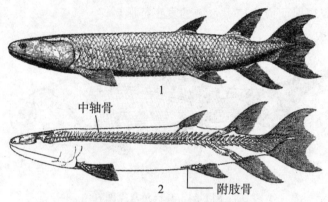

图1-35　晚泥盆世真掌鳍鱼复原图
1.外部形态；2.中轴骨与附肢骨示意图

十、最早登陆的脊椎动物

新的征程——从水域到陆地

前面介绍的早期鱼类,在寒武纪早期出现之后,经过1亿多年的演化,到了志留纪和泥盆纪,它们不仅种类繁多,而且分布很广,征服了地球上的各种水域,因此称志留纪和泥盆纪为鱼类时代。到了泥盆纪晚期,一些肉鳍鱼类开始挣脱水环境的束缚,走上了向陆地开辟新生活领域的征程。

脊椎动物在爬上陆地的过程中,首先要遇到的两个问题是呼吸和行动。鱼类通常是用鳃从水中获得氧,而陆生脊椎动物则是用肺从空气中摄取氧。在肉鳍鱼类中,鳃仍然是它们主要的呼吸器官,但已发育了与鱼鳔同源的肺。现今生存在澳洲、非洲和南美洲热带地区的肺鱼具有高度血管化了的肺,一旦气候变化,生存的环境干涸,它们可以钻到泥土里去,挖个穴道潜伏起来,这时它们就用肺呼吸,待到雨季,又可回到水中生活。在空气中用肺呼吸的陆生脊椎动物的口腔里,有一个内鼻孔,它是外鼻孔通到口腔内的开口,内鼻孔的出现说明空气已能从外鼻孔经过鼻道进入口腔,再通过气管进到肺里。研究证明,在陆地上进行呼吸的内鼻孔和肺在两栖动物的鱼类祖先身上已初步解决了。发现于云南省曲靖市早泥盆世地层中的肯氏鱼是原始的四足形类,处于由鱼类后外鼻孔向内鼻孔过渡的演化阶段,为内鼻孔起源于后外鼻孔提供了化石证据。

大家知道,水的密度比空气大得多,水的浮力也要比空气大得多。鱼类在水中游泳有较大的浮力支持,重力对于鱼类的运动影响较小。当鱼类离开水,上到地面后,由于空气浮力小,受重力的作用,鱼儿只能躺在地面,不能动弹。因此,在由肉鳍鱼类向两栖类进化的过程中,为克服重力的作用,支撑身体进行运动,就逐渐发育了强壮的脊椎骨和强有力的四肢。早期的四足动物一般都有五指(趾)型四肢。关于四肢的起源,有两种不同的观点:一种观点认为,四足动物的指(趾)是从肉鳍鱼类偶鳍远端的内骨骼转化而来,不是四足动物演化过程中出现的新构造;另一种观点则认为,四足动物的指(趾)是四足动物特有的新构造,在肉鳍鱼类的偶鳍鱼中不存在同源构造。发现于拉脱维亚距今3.8亿年前泥盆纪中期的潘氏鱼被认为是比真掌鳍鱼更接近原始四足动物的四足形类鱼类,它偶鳍远端的辐状骨与中基骨愈合成一整块骨板,不可能发展出原始四足类分节的指(趾)。事实上,潘氏鱼的第二轴前辐状骨和远端骨板,与原始四足动物鱼石螈后肢的两个近端踝骨相当。这说明,在与原始四足动物关系最近的潘氏鱼中,没有转化成指(趾)的成分,最早的原始四足动物四肢中6～8个数目不等的指(趾),是在进化过程中产生的新构造。

晚泥盆世的肉鳍鱼类为什么登陆

从前面的介绍,大家已经知道,在肉鳍鱼类中,四足形类已经具备了爬上陆地的身体结构基础。尽管这样,欲离开祖祖辈辈习惯的水环境而爬上陆地是要冒很大危险的。那么,晚泥盆世时四足形类生活的地方究竟发生了什么变化,迫使它们不得不上陆?有两种不同的说法:一种意见认为,四足形类上陆是出自寻找水源。有人认为,泥盆纪时的气候有季节性的干旱。四足形类在浅水里生活,当干旱季节来临,它们便从一个干涸的池塘爬上地面,寻找另一个有水的池塘(图1-36),就这样慢慢地锻炼了它们的肺和四肢,最终适应了陆上的环境。另一种意见认为,当时(泥盆纪晚期)的气候如同现代的热带、亚热带那样,地面上的温度很高,但气候比较湿润,由于炎热,水中植物腐烂,引起严重缺氧。生活在那种环境里的四足形类是为躲避恶劣的缺氧水域而上陆的。地质历史研究表明,晚泥盆世时,北方大陆确实存在西北—东南向的干旱气候带。因此,在上述两种意见中,前一种意见比较有说服力。不过,还有一种意见认为肺鱼类与四足动物关系更近。

图1-36　在河岸上爬行的泥盆纪的肉鳍鱼类

鱼石螈类是最原始的两栖动物

在1932—1987年的50多年里,科学家们在格陵兰东部晚泥盆世地层中发现了多件鱼石螈(图1-37)和棘螈化石,统称为鱼石螈类。它们是从鱼类过渡到两栖类的原始类型,在登陆过程中,身体形态和结构发生了一些革命性的变化:它们的眼睛已后移到头骨的中部,不再像肉鳍鱼那样在吻部了;重要的是它们已长出了四肢,脊椎上已经长出了允许脊柱弯曲的关节突;前肢的肩带与头骨已失去了在鱼类里的那种固定接合,说明头部已能活动。这些进步的特征表示鱼石螈已经发展到了一个新的范畴,即两栖类的范畴,这是迄今所知最早的两栖类的代表。

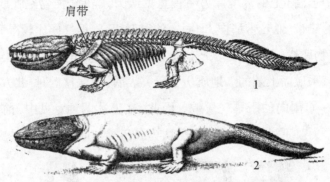

图1-37　鱼石螈的外形(2)及内骨骼(1)复原图
（体长1.0～1.5米）

　　脊椎动物的登陆是生命史中又一次革命性的事件。鱼石螈为脊椎动物由水生到陆生奠定了基础。至此之后,两栖类进一步适应辐射,在石炭纪和二叠纪获得大发展。

两栖类时代的来临

　　石炭纪这个名称之由来就是因为那个时代的地层里埋藏着大量的煤炭。煤炭是由植物残体埋藏后经过炭化作用变成的。这大量的煤暗示我们,那时的气候是相当湿润的,地面上覆盖着大片森林。通过植物化石的研究,知道那时已有高大的鳞木和石松,在林下还有各种各样的苔藓。它们生长在池塘、沼泽以及潮湿的湖岸,这就为两栖类的发展创造了良好的条件。

　　两栖类的祖先自泥盆纪晚期出现之后,在与新的环境斗争过程中,不断地产生一系列适应性的变化。它们的头骨由窄而高变成扁而宽,鳃盖骨全部消失了,眼孔靠后了,吻部相应的加长,鼻孔位于吻端。头骨后端出现了一对耳凹,就是鼓膜所在地。鱼类只有内耳,没有中耳,两栖类出现了中耳,在中耳腔中有了第一块听骨,解决了由水上陆的听觉问题。两栖类的幼年期还要在水里度过,仍然用鳃呼吸,成年的两栖类,鳃消失了,要用肺呼吸,但他们的肺很原始,他们的呼吸,除用肺以外,还要借助辅助性的呼吸器官——皮肤和口腔上皮,因此,在两栖类的皮肤和口腔上皮布满着微血管,皮肤腺体也发育,可分解黏液使皮肤保持湿润。两栖类上陆后,脊椎骨有了明显变化:鱼类没有颈椎和荐椎,从两栖类开始有了一个颈椎,头部已稍能活动;在后部的脊椎上分化出了荐椎。鱼类的肩带是固着在头部的,从两栖类开始,肩带与头部分离,使前肢能自由活动。上陆后,四肢和尾的功能也有了转化:鱼在水里前进主要靠尾鳍的摆动,偶鳍是起拐弯和平衡的作用;陆生脊椎动物则正好相反,四肢不仅承载着身体重量,还是行动器官,尾则是司平衡的。

鱼石螈类自泥盆纪晚期出现之后,进入到了石炭纪,在有利的生存条件下,迅速适应辐射,开始了两栖类的繁荣历史。在牙齿的横断面上可以看到珐琅质褶曲成迷路构造的迷齿类(图1-38)是自晚泥盆世至早白垩世两栖类演化的主干。

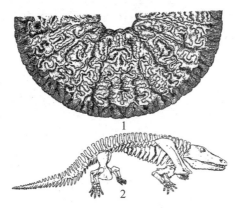

图1-38 迷齿类的化石代表
1.牙齿迷路构造横切面示意图;2.二叠纪的曳螈

在早石炭世时,由鱼石螈衍生出石炭蜥类和离片椎类。石炭蜥类后来演化出在中生代时占统治地位的爬行类;从离片椎类衍生出现今仍然生存的滑体两栖类。两栖类自晚泥盆世出现后，于石炭纪和二叠纪达到繁荣，在二叠纪之后开始衰退，现今生存的全部属于滑体两栖类，发现于马达加斯加三叠纪早期地层中的三叠蟾（图1-39）是滑体两栖类的最早代表。

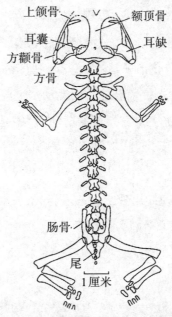

图1-39 三叠蟾化石骨骼结构图

十一、龙、龙骨、恐龙和恐龙蛋

神话和传说中的"龙"

在科学不发达的远古时代，人类经常受到电闪雷鸣、刮风下雨、洪灾与干旱的困扰，总希望能有一种神奇的力量，可以翻江倒海、腾云驾雾、挟持雷电、掌管人间的旱涝，并且将这种神奇的力量形象化，许多神话就是在这样的背景下产生的。"龙"就是古代人类想象中具有这种神奇力量的动物。譬如，在《管子·水地篇》中这样写道："龙生于水，被五色而游，故神。欲小则如蚕，欲大则无藏于天下；欲上则凌于云气，欲下则入于深渊。"在公元初年，东汉许慎的《说文解字》中也这样写道："龙能幽能明，能细能巨，能短能长。春分而登天，秋分而潜渊。"你看，那北京故宫门前华表上雕的龙，北海公园九龙壁上刻的龙以及大小庙宇雕梁画栋上的龙，无不张牙舞爪、神气活现。那么，在自然界中真有那种似蛇而非蛇的龙存在吗？不存在。那只不过是古代艺人把人们想象中具有神奇力量的龙形象化罢了。

在人类的现实生活中，"龙"这个词有着比较广泛的含义。譬如，"龙卷风"中的龙，指的是上覆黑云、下为圆柱形，能卷起地面各种物件的强力旋风；而"望子成龙"，则表示父母希望自己的子女能成为有用之才。你还记得有一首名叫《龙的传人》的歌曲吗？这当中的龙，是指中华儿女的远古祖先。

047

科学家心目中的龙

翻开古生物学,在爬行动物一节中,你可以看到有恐龙、鱼龙、蛇颈龙、翼龙等龙的记载。

迈进自然历史博物馆,你可以看到,在宽敞的展厅中陈列着巨大的恐龙骨架和其他"龙"的化石。

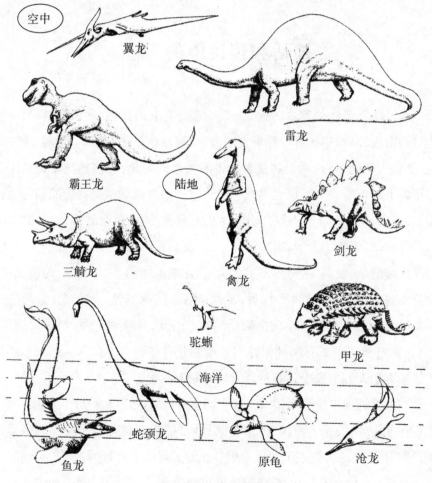

图1-40 中生代爬行类

在科教电视专题片——《侏罗纪公园》中，你可以看到许多经过古生物学家和艺术家复原后的电动恐龙，它们是那样栩栩如生，实在是招人喜爱，难怪许多青少年朋友百看不厌。

你如果有机会去四川省的自贡市，那一定要到自贡恐龙博物馆一游。到了那里，你就仿佛进入了恐龙世界。

上面提到的古生物学、博物馆和科教片中的龙，与神话传说中的"龙"是毫不相干的。古生物学中所称的龙，是指人类出现以前很早就灭绝了的一些爬行动物。它们是真实存在的，它们在距今约2.5亿年到6 600万年前的中生代主宰了陆生脊椎动物世界，因此称中生代为爬行动物时代（图1-40）。

龙　骨

同很早就有龙的神话和传说一样，在我国历代的文献中，很早就有"龙骨"这个词。《神农本草经》是我国现存最早的一部药典，其中就有"龙骨"的记载，认为它是龙死亡之后留下来的尸骨。在此后的历代医书中，都有关于龙骨的记述，把龙骨列为具有镇惊功能的一味中药。

如果你有机会去走访一下中药店的仓库就可以领悟到，中药中所谓的龙骨，广义来说，是指除了鱼类以外所有脊椎动物化石而言的，其中包括了两栖类、爬行类、鸟类、哺乳类和古人类的化石；狭义来说，是指哺乳动物的化石，特别是距今约1 200万年到1万年前的哺乳动物化石，其中尤以犀类、马类、鹿类、牛类和象类的化石最多。你看出来了吧！中药学中所称的龙骨与古生物学中所记述的龙化石还不是一回事呢！古生物学中所称的龙化石，仅限于爬行动物化石；而中药学中的龙骨则要广泛得多，但又主要为哺乳动物化石。

说地质历史时期的脊椎动物化石可以入药，那么中药材采购员是不是

049

一见到脊椎动物化石就可以收购呢？不是的。因为距今年代越久远的脊椎动物化石，其药性愈差；而距今年代太近的，药性也不好。正如前面提到的，最好收购距今1 200万年到1万年期间形成的哺乳动物化石，质佳者用舌舔之会黏舌。

"龙骨"除可做中药外，还为研究中生代和新生代脊椎动物、查明脊椎动物进化史提供了珍贵的资料，因此得到古脊椎动物学家的高度重视。

恐　龙

看过《侏罗纪公园》以及其他有关恐龙的科幻片，大家都对恐龙有了一定的了解。那么，你知道恐龙这个词的真正含意吗？原来，恐龙（dinosaur）这个词是由希腊文的deinos（恐怖的）和sauros（蜥蜴）两个词合成的复合词，其原意是"恐怖的蜥蜴"。1941年，英国科学家欧文创立这个词，是用以代表当时发现于中生代岩层中的巨型爬行动物化石。后来的科学家发现，原来被欧文称作恐龙的爬行动物化石，实际上不是一个单一的爬行动物类群，它包括了爬行动物分类系统中蜥臀目和鸟臀目这两个已经灭绝的目级分类群的动物。另外，属于恐龙的爬行动物化石，也不都是巨大的，有的甚至只有鸽子那么大，它们与现代仍然生存的蜥蜴也没有较近的亲缘关系。因此，dinosaur这个词现在已经不再作为科学术语使用了。可是，由于语言上"约定俗成"的关系，现在一般还是把上述两类爬行动物的化石笼统地称为恐龙。

那么，在实际工作中，如何鉴别你所发现的恐龙化石是属于蜥臀目还是鸟臀目呢？主要根据臀部组成腰带的几块骨头（图1-41）鉴定。从图1-41可以看出，蜥臀目与鸟臀目腰带的区别是比较明显的：首先，肠骨的形态不同；其次，蜥臀目腰带的耻骨向前下方延伸，从侧面看，整个腰带呈三射型，而鸟臀目腰带的耻骨转向后下方与坐骨平行，并向前延伸出一突起，使整个腰带呈四射型,与鸟类的腰带相似。

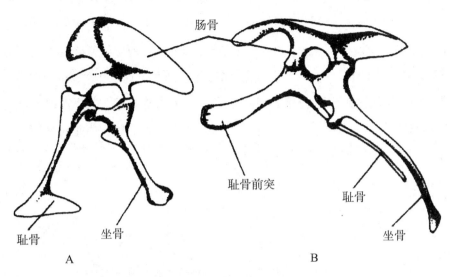

图1-41　恐龙的腰带侧面观
A.蜥臀目(跃龙)的腰带;B.鸟臀目(禽龙)的腰带

下面,我们就分别向大家介绍一下蜥臀目和鸟臀目的恐龙。

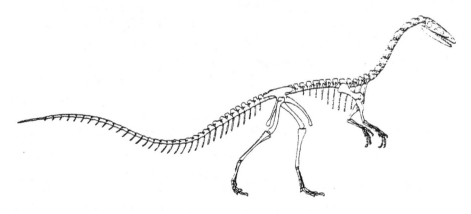

图1-42　三叠纪晚期的虚骨龙
(长约2.4米)

蜥臀目包括了两类非常不同的动物:一类是两足行走的肉食性恐龙一

051

兽脚类；另一类是四足行走的素食性恐龙。在肉食性的兽脚类恐龙中，又分为虚骨龙和肉食龙两类。虚骨龙类（图1-42）所包括的都是一些个体较小、骨头中空、活动灵巧，过着快速、活跃的捕食者生活的恐龙。它们之中个体最小的只有鸽子那么大，如发现于欧洲约1.5亿年前侏罗纪晚期的美颌龙（图1-43）；大的也不过鸵鸟那么大，如在北美白垩纪地层中发现的似鸵龙。据推测，似鸵龙奔走的速度不亚于鸵鸟。最有意思的是，在蒙古白垩纪晚期地层中发现一只疾走龙正在那里用镰刀形爪抠食一只原角龙时被埋了起来，以致两种恐龙的化石保存在了一起。

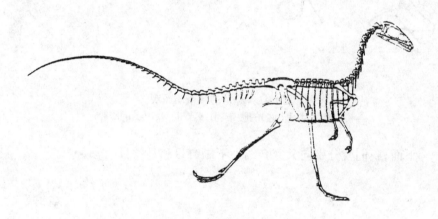

图1-43　侏罗纪晚期的美颌龙
（长约24厘米）

肉食龙类则比虚骨龙类的个体要大得多，骨头也相应地加重，头骨很大，颌上长有尖锐的带锯齿的牙齿，它们无疑是凶猛的肉食者。白垩纪晚期的霸王龙（图1-44）是肉食龙类的主要代表。发现于北美白垩纪晚期地层中的霸王龙，体长约12米，生活时体重可达6～8吨。而在亚洲白垩纪晚期地层中发现的特暴龙，体长可达15米，活体重约6.3吨。由于肉食龙体躯笨重，小手短臂，因此也有人认为它们可能不是活跃的主动捕食者，而是吃腐肉的。

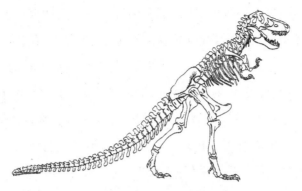

图1-44　白垩纪晚期的霸王龙

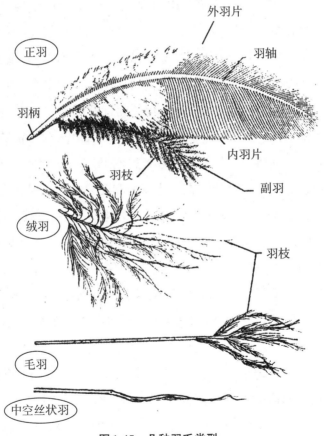

图1-45　几种羽毛类型

　　近20年来，中国科学家在内蒙古、辽西侏罗纪晚期至白垩纪早期地层中，发现了多种带羽毛的兽脚类恐龙和多种羽毛化石印痕。羽毛与爬行动物的鳞片都是皮肤的角质化产物，在来源上是同源的。在现生的脊椎动物中，只有鸟类才有羽毛。近年来的研究发现，在地质历史时期，不仅鸟类有羽毛，一些兽脚类恐龙也有羽毛；羽毛的最初功能，并不是飞行，而是展示、保持体温；现生鸟类身披的几种羽毛（正羽、绒羽和毛羽）在不同种类的兽脚类恐龙身上差不多都可以找到，只是在兽脚类恐龙的羽毛中还有一些在现生鸟类中不具有的原始羽毛（图1-45）。

中华龙鸟(注：它最初被误认为鸟，后来查明，它是恐龙，不是鸟)、北票龙等兽脚类恐龙所具有的羽毛为中空丝状羽毛，它们的结构很简单，呈现为一根一根中空的细丝状，还没有羽枝和羽小枝的分化。美国古鸟类学家费杜西亚认为，此种毛状物为皮下胶原结缔组织纤维，不是羽毛。我国古鸟类学家侯连海、周忠和等则认为北票龙具有的毛状皮肤衍生物，在形态上和中华龙鸟的毛状构造十分相似，但值得注意的是，北票龙保存的毛状物的分布范围，已明显扩大到身体上许多不同的部位，包括前肢、后肢和肩带等。尤其是在前肢与尺骨部位的附着关系，和鸟类中次级飞羽的附着形式十分相似，从而进一步说明，在中华龙鸟和北票龙中发现的毛状物，确为皮肤衍生物，它们和鸟类的羽毛属于同源的构造，很可能代表了羽毛演化的一个初期阶段。2010年，张福成等人在中华龙鸟的羽毛中发现了黑色素体，并根据黑色素体的大小和分布还原了中华龙鸟羽毛的本来颜色。尾羽龙等兽脚类恐龙化石不仅带有绒羽，而且有内外羽片对称的正羽。绒羽的结构比中空的丝状羽复杂，它有短而透明的小羽柄，在羽柄顶端着生众多细长成丝状的羽枝，每条羽枝还侧生出若干小羽枝，但小羽枝不具小钩，外观呈绒毛状，通常着生于正羽之下，形成保温层。正羽是最复杂的羽毛，由中央的羽轴和两侧的羽片两部分组成，羽轴下端半透明部分叫羽柄或羽根，深插入皮肤中；羽轴的上部叫羽干，在羽干的两侧斜生有许多平行的羽枝，每一羽枝的两侧又生出许多带钩或锯齿的小羽枝，这些小羽枝不但排列很整齐，而且各以小钩或锯齿相互勾连起来组成扁平具有弹性的羽片。

羽片有内羽片和外羽片之分。原始正羽的内、外羽片等宽,称对称型正羽,尾羽龙所具有的正羽是这种对称型正羽。倘若内羽片宽、外羽片窄,这种正羽称为非对称型正羽,现生鸟类的正羽都是非对称型的,化石鸟类的正

图1-46　几种有羽毛的兽脚类恐龙
1.中华龙鸟骨骼;2.尾羽龙;3.小盗龙

羽也几乎是非对称型的。最原始有羽毛兽脚类恐龙于何时何地出现，现在还不清楚，鉴于在内蒙古宁城道虎沟距今1.65亿～1.53亿年的道虎沟组地层发现的兽脚类恐龙已具有绒羽和对称型正羽，因此推测，最原始有羽毛兽脚类恐龙应出现于侏罗纪晚期或比之更早的某个时期。

在蜥臀目中，四足行走的素食恐龙，体躯一般都很巨大。如在阿根廷距今9 500万年前的地层中发现了迄今最大恐龙骨骼化石，头尾长40余米，高20米，相当于7层楼高，体重约77吨，相当于14头非洲象体重之和。据称，此恐龙属于雷龙的一个新种。我国科学家在新疆奇台恐龙沟发现的马门溪龙也有35米长（图1-47）。

图1-47 马门溪龙（晚侏罗世）

腰带结构与鸟类相似的鸟臀目恐龙，形态结构都很特别，如鸭嘴龙类的嘴巴像鸭嘴，剑龙类的背上长有近于三角形的骨板，甲龙类身披骨甲，角龙类头上长角，还有的头骨高高隆起，真是光怪陆离。白垩纪时在我国黑龙江省嘉荫县发现的满洲龙（图1-48）和山东莱阳发现的青岛龙（图1-49）都属于鸭嘴龙类，它们的嘴巴宽扁，很像鸭子的嘴巴。鸭嘴龙类有一个主要特征是口腔内的牙齿很多，少的有200个，多的可达2 000个。这些牙齿一行行交错排列在牙床上，上面一行磨蚀了，下面的顶上去继续使用，适宜于切割食物。青岛龙与满洲龙的主要区别是青岛龙的头部具有顶饰。对顶饰的功能，现在还没有一致的解释。关于鸭嘴龙类的生活环境和生活方式，现在一般认为，它们是在沼泽地区生活的，并且经常潜入水中。有人发现该类动物有类似于鸭脚的足蹼构造，说明它们能在水中游泳。

顶饰

图1-48　满洲龙复原图　　　　　　图1-49　青岛龙复原图

剑龙类（图1-50）的最大特征是背上有两排三角形的骨板，尾巴的末端有四枚骨刺。据说在骨板内有高度集中的微血管，猜想它与温度调节有关，而尾巴末端着生的骨刺，显然是剑龙类在肉食性恐龙来犯时的自卫武器。这类动物的体长有6米左右，不算很小，但它只有核桃那么大的脑子，与肥大的体躯很不相称。据研究，在它们的肩部和腰部各有一个膨大的神经节，特别是腰部的神经节竟有其脑子的20倍大，无怪乎有人说它们有两个脑子，是很"聪明"的恐龙。剑龙类主要生活在侏罗纪，极少数可以延续到晚白垩世早期，是恐龙家族中灭绝较早的一支。

图1-50　侏罗纪剑龙的复原图

甲龙类（图1-51）是鸟臀目中身披骨甲和骨片的恐龙。它的头部和身体几乎都被坚硬的骨甲所包裹，活像一辆坦克车。它们不仅身披骨甲，在尾巴末端还有一个重的骨质尾锤，当肉食性恐龙来侵犯时，挥动尾巴横扫，能给来犯者以沉重打击。甲龙类的体长也有6米左右，生活时代只限于白垩纪。我国在内蒙古和吉林省境内的白垩纪地层中，都发现有甲龙化石。

图1-51　白垩纪甲龙的复原图

角龙类（图1-52）是鸟臀目中最后出现的一支，它们的主要特征是头上长角（但原角龙的头上无角），头骨极度向后延伸，把颈部都掩盖了起来。原始的角龙头上没有角，如原角龙。但在进步的角龙头上都有角，有的长1个角、有的长3个角，甚至有的还外加骨戟，像是装备了精良的自卫武器。原角龙的个体较小，只有1米多长，但进步的角龙体长可达7米多。所有角龙生活的时代全都限在白垩纪晚期，到白垩纪末期灭绝，在地球上只存在了2 000万年左右，与其他各类恐龙相比，可算得上是短命的了。最有意思的是，在蒙古国发现的一窝原角龙产的恐龙蛋中，不仅发现了胚胎，而且在蛋窝附近保存了不同年龄的原角龙骨骼化石。

图1-52　晚白垩世三角龙的复原图

在鸟臀目中还有一类具有隆起的头骨的恐龙,称作肿头龙(图1-53)。在北美洲和蒙古国白垩纪晚期地层中发现的肿头龙,头骨厚达5厘米多。这类奇异的恐龙,在我国山东和安徽省境也有发现。

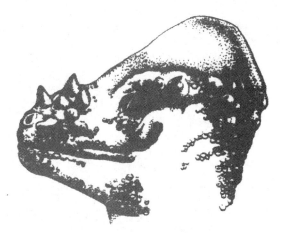

图1-53　肿头龙头部复原图

通过上面的介绍,大家可能对蜥臀目和鸟臀目的恐龙有了进一步了解。恐龙归于爬行动物,由于现生的爬行动物都是体温不恒定的冷血动物,因此,很自然地认为它们的生活习性、生理和代谢水平也应相似于现行爬行动物,是反应迟钝、不太活跃的冷血动物。这种观点现在受到了来自各式各样证据的挑战。首先,恐龙的四肢是强大的,完全处在身体之下,而不像蜥蜴、龟鳖和鳄类那样匍匐在身体的两侧。这种直立的姿势允许动物在行走时有长的跨步和较快的速度。直立习性的发展,伴随着在所有恐龙中支持骨骼的加强、四肢和肌肉的重新排列。除身躯庞大的素食恐龙外,许多恐龙都用两足行走,增强了运动的灵活性。其次,恐龙四肢骨骼(如股骨)的显微结构也不同于一般爬行动物,而与哺乳动物有一些相似。第三,根据肉食性恐龙对素食恐龙的比例,推测肉食性恐龙有大的摄食量,就像温血动物所需要的那样。因此,有人认为,恐龙可能是温血的动物。很显然,仅根据上述几点就下结论说恐龙是温血动物的证据是不充足的。就拿恐龙骨骼的细微构造来说吧,它既不同于一般爬行动物那样呈圈层状(骨骼横断面),也不像鸟类和哺乳类那样呈纤层状,而是具有一种由爬行动物向鸟类和哺乳类过渡的性质。因此有人称之为中温动物。

古生物学家的研究业已证明,恐龙是由距今2亿多年前三叠纪晚期较进步的槽齿目爬行动物演化产生的,经历了大约1.5亿年的演变,于距今6 600万年前的白垩纪末期全部灭绝了。在差不多整个中生代期间,恐龙的分布十分广泛。除南极之外,在所有的大陆上都有它们的踪迹。在中生代的陆生动物中,它们的种类是比较多的,在较长时期内主宰了中生代的陆生动物界。因此,有人称中生代是恐龙时代。

在中生代曾经显赫一时的恐龙,到了中生代结束时,全部灭绝了。这是为什么?已有许多科学家从不同角度进行过研究,提出了多种假说。最流行的观点是由于一次小行星撞击地球,诱发了气候、生态和环境的灾变,尘埃长时期遮天蔽日,植物因不能有效地进行光合作用而衰退,致使恐龙因缺乏食物而大批死亡。许多人认为,当时大规模的火山爆发,产生了与小行星撞击相似的灭绝效应,而且时限较长,能较好地解释恐龙在灭绝前经历了一段衰亡时期。还有人认为,是由于当时环境中的微量元素含量出现了异常,导致恐龙蛋发生病变,不能正常孵化,影响了恐龙的繁衍。也有人提出海平面大幅度下降(推测下降了100米),大陆面积相应扩大,气候愈加干旱,植物的生产量减少,这是导致恐龙灭绝的原因,而小行星撞击地球对于恐龙的灭绝来说,只是起了最后一击的作用。看起来这些假说都有一定根据,都有一些道理,但对这样一个全球性的恐龙灭绝问题,都还不能作出圆满的解释。

在中生代结束时,除恐龙灭绝之外,还有一些动物类群灭绝,如在空中飞翔的翼龙,海洋中生活的沧龙、鱼龙、蛇颈龙以及一些其他门类的动物。可是,也有许多爬行动物类群比较顺利地度过了中生代结束时的这一危机时期,进入到了新生代,并且一直延续至今。譬如,现今生存的蛇、蜥蜴、龟鳖和鳄类就是由其中生代时的祖先经过世代相传留下来的后裔。哺乳动物在由中生代进入新生代后还发展成在新生代占据主导地位的动物类群。由此可以看出,发生在中生代结束时的生态系统剧变事件是比较复杂的。这样复杂的生态系统剧变,肯定是多种因素综合作用的结果,其中既有环境的因素,也有生物自身的因素。如果撇开生物因素,就不可能说明在中生代结束时为什么一些动物类群灭绝了,而另一些动物类群却幸免于难,比较顺利地进入了新生代。所谓生物因素,主要是指那些在进化过程中特化(只适应于特定环境的特殊化性状)较多的古老动物类群与那些特化较少的新生类群相比,比较难以适应环境的剧烈变化。实际上,在中生代结束时走向灭绝的动物类群,多数是比较特化的,譬如,恐龙中的甲龙、角龙、肿头龙等。有一些动物,尽管没有明显特化,但因食物链中断了而不能继续生存,譬如,恐龙中肉食性恐龙的灭绝就可能与其捕食对象素食性恐龙的灭绝有关。由于中生代结束时生物界的灭绝是广泛多样的,而在海平面变化、气候变化、火山爆发、小行星撞击地球等众多环境因素中,没有哪一种因素有单独造成生物类群广泛灭绝的能力。因此,最合乎逻辑的解释应是来自地球之外和地球本身及生物本身多种因素的综合作用。尽管迄今对恐龙灭绝的原因还没有获得圆满解释,但我们相信,只要从生物和环境两个方面进行深入研究,距离解开恐龙灭绝之谜之日就为期不远了。

恐　龙　蛋

　　恐龙是卵生动物,通过产带硬壳的蛋进行繁殖。在湖北郧县青龙山南坡和北坡及附近大约一平方千米范围的晚白垩世早期地层中,埋藏着众多一窝一窝的恐龙蛋化石。这说明到了繁殖季节,恐龙有群聚产蛋的习惯,还有筑巢产蛋行为。据调查,不同种类恐龙筑巢产蛋的方式还不一样:产圆形蛋的恐龙,像海龟产蛋一样,产蛋前,先用脚爪在泥沙滩上挖一个坑,然后把蛋产在坑里,再覆上一层沙土(图1-54);产长形蛋的恐龙,产蛋前,先用脚爪堆起一个土堆,然后蹲在土堆上方,每次同时产出2枚蛋,蛋依次落在土堆斜坡上,一边产蛋一边依次转圈,产完一圈之后,盖上一层沙土,接着用同样的方法产下第二圈、第三圈蛋,直至产完为止。所有的蛋,两枚两枚地配对,蛋的大头朝向圆心,小头向外,呈放射状排列(图1-55)。在蒙古国南部晚白垩世纳摩盖特组地层中发现窃蛋龙类张开双臂扑在蛋巢上的情景。有人认为,这说明恐龙具有孵蛋和照顾幼龙的习性。

图1-54　一窝圆形蛋
(湖北郧县,晚白垩世)

图1-55　一窝长形蛋
(广东南雄,晚白垩世)

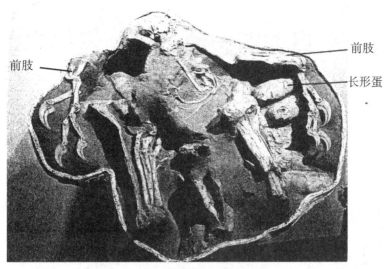

前肢

前肢

长形蛋

图1-56　窃蛋龙类张开双臂护蛋巢
（蒙古国南部，晚白垩世）

　　恐龙蛋化石主要见于晚白垩世地层，在此之前的地层中为什么很少见到，有待研究。关于恐龙蛋化石与恐龙的对应关系，现在只知道窃蛋龙类的恐龙产的是长形蛋。恐龙蛋的外形有扁圆形，长卵形和长椭球形三种，大小相差较大，一般10～20厘米，最长则超过40厘米，蛋壳厚度在1毫米左右。蛋壳上有气孔，气孔道直或呈树枝状分枝。蛋壳表面光滑、粗糙或具纵向条纹。晚白垩世早期的恐龙蛋化石多呈圆形，而晚白垩世晚期的恐龙蛋化石主要为长形蛋。

063

十二、鸟类的起源与早期进化之谜

春天是鸟语花香的大好时节。我们结伴去郊外春游,所到之处,鸟儿时常在身旁飞来飞去,叽叽喳喳叫个不停。每当此时,我们总会遐想:这些乖巧的小精灵何时来到地球上?它们的祖先是谁?为什么能在天空中自由飞翔?

鸟类起源的三种假说

鸟类与我们前面一节介绍的爬行动物在形态构造上虽然有很大的不同,但仔细研究可以看出它们具有若干共同的特点。例如:(1)鸟类和爬行动物的皮肤上都缺乏腺体,因而二者的皮肤都是干燥的;爬行动物的鳞片,兽脚类恐龙和鸟类的羽毛,都是表皮角质化的产物。(2)鸟类的头骨与爬行动物一样,都有一个枕髁,二者的颈椎上都有游离的颈肋。(3)鸟类和爬行动物的生殖都是体内受精,卵生,卵外都有卵壳,卵黄比较多,二者的胚胎初期很相似,鸟胚初期也有长长的尾巴及短小的前肢。由以上这些相似的特点不难看出,鸟类和爬行动物有亲缘关系。因而可以认为鸟类是由爬行动物演化来的。鸟类是由爬行动物起源的,这早就是国际学术界的共识。爬行动物的种类很多,鸟类是由哪一类爬行动物起源,这在国际学术界存在不同的学派、不同的假说,主要有三种假说,即鸟类的鳄类起源说、鸟类的槽齿类起源说和鸟类的恐龙起源说。

1. 鸟类的鳄类起源说

鸟类起源于三叠纪时的鳄形类的假说是由英国古生物学家瓦尔克提出的。他提出的证据主要来自于其头部的开孔、内耳形态、腭骨以及方骨的关节等特征，认为鸟类与鳄类为姐妹群关系。中国鸟、华夏鸟、始祖鸟及其他中生代带牙齿的鸟类，其牙齿齿冠在基部收缩，牙齿不具有锯齿状边缘。这一特征不同于多数的恐龙，而与鳄类的牙齿非常相似。古鸟类学家马丁等曾以此为依据支持鸟类的鳄类起源说。后来的研究发现，产于中国辽宁北票上园早白垩世义县组下部的恐龙类尾羽龙牙齿的基部也是收缩的，还具有一些与鸟类相似的特征，如具有真正的羽毛、尾巴缩短、肋骨有钩状突等。目前，在国际学术界中，支持这一假说的人数不多。尽管这一假说的倡导者瓦尔克于1985年放弃了这一假说，但马丁等人至今仍坚持这一观点。

2. 鸟类的槽齿类起源说

在爬行动物的系统分类中，槽齿目为爬行动物内初龙次亚纲的原始类型。1913年，南非的布鲁姆描述了一件发现于三叠纪早期的槽齿目假鳄类化石。他认为，兽脚类恐龙、鸟类和翼龙都起源于这一类动物。在他看来，翼龙和兽脚类恐龙都太特化，不可能是鸟类的直接祖先，因此，槽齿目中的假鳄类是鸟类更合适的祖先。丹麦鸟类学家海尔曼1927年发表了一部对后来影响巨大的经典著作《鸟类的起源》。在这部著作中，他对鸟类和属于兽脚类恐龙的虚骨龙类的相似性作了详细的讨论，认为二者的关系很接近，鸟类可能起源于和这一类恐龙很接近的祖先。但是，他并不支持鸟类起源于恐龙的学说。原因十分简单，因为虚骨龙类的锁骨都已退化，而鸟类的锁骨不但没有退化，而且还愈合成叉骨。按照Dollo氏不可逆转法则（Dollo's Law），他认为虚骨龙的锁骨既然已经退化，就不可能在后裔中重新出现，因此，鸟类不可能从恐龙直接演化而来。海尔曼通过将始祖鸟与假鳄类详细比较，认为假鳄类等原始的槽齿类由于具有锁骨，因而作为鸟类的祖先就没有恐龙假说的"缺点"。海尔曼的著作《鸟类的起源》在1927年出版发行后，在国际学术界影响很大，获得广泛支持。50年之后，在20世纪80年代，美国著名的鸟类学家费杜西亚出版了《鸟类时代》和《鸟类的起源和演化》这两部书，成为鸟类起源于槽齿目假说的新的代表人物。我国古鸟类学家侯连海等（2002）在《中国辽西中生代鸟类》一书中也提出："孔子鸟与始祖鸟有一个共同特征，即都具有上颌骨中隔……孔子鸟类的这一构造，更接近于槽齿类，初龙类，这就进一步证明初龙类与鸟类的祖裔关系了。"

3.鸟类的恐龙起源说

鸟类起源于恐龙的倡导者是达尔文进化论的积极支持者赫胥黎。1868年，在他的第一篇关于鸟类起源的论著中，强调了始祖鸟化石对进化论的重要性，重点讨论了恐龙在脊椎动物系统中的地位以及恐龙与鸟类的相似。在他的文章中，与始祖鸟发现于同一层位的美颌龙被认为是恐龙和鸟类之间的缺失环节。在随后的几年中，他又发表了一些文章，来支持鸟类起源于恐龙的假说。赫胥黎的学说在欧洲和北美赢得了不少人的支持，与此同时，反对赫胥黎学说的学者也大有人在。古脊椎动物学家欧文等人认为，鸟类和恐龙的相似是由于趋同的结果。在1927年海尔曼的《鸟类的起源》一书出版发行之后，有关鸟类起源的争论曾经停息了一些时候。到了20世纪70年代，有关鸟类起源的争论又开始热闹起来。1973年，美国耶鲁大学的奥斯特罗姆在英国《自然》杂志上发表了一篇简短的文章，随后又发表了一系列的论文，专门论述鸟类和兽脚类恐龙的相似之处和关系。他的主要证据来自于它们头后骨骼的对比，而且他经常用来对比的鸟类是德国的始祖鸟，而不是现生鸟类，他常用来作为恐龙的代表是出自晚白垩世的恐爪龙。1982年，帕迪安首次提出了鸟类和恐龙关系的分支图，首次将分支系统学的方法应用到鸟类的恐龙起源研究上。1986年，高捷以大量的特征为依据，应用分支系统学的原理，将鸟类和蜥臀类恐龙的关系进行了详细的分析，并把整个鸟类的系统扎根于兽脚类恐龙演化体系当中。自1996年季强和姬书安报导在辽宁省北票市四合屯早白垩世地层中发现带毛兽脚类恐龙中华龙鸟以来的20年间，中国科学家周忠和、徐星、汪筱林等在内蒙古宁城、辽西建昌、凌源、朝阳、北票、义县等地区晚侏罗世和早白垩世地层中发现了多种带毛的小型兽脚类恐龙，在国际著名刊物《自然》和《科学》杂志上发表了一系列研究成果，为鸟类的恐龙起源说提供了多方面的实物证据，震惊了国际学术界，古生物学家已比较普遍地接受了鸟类的恐龙起源学说。

以上概括介绍了鸟类起源的三种假说，其中的鳄类起源说支持者较少，影响面不大。由于槽齿类起源说得到比较多的鸟类学家支持，而恐龙起源学说得到比较多的古生物学家支持，因此，关于鸟类起源的争论还会持续。关于鸟类起源于恐龙的研究，以前人们关注的焦点侧重于寻找鸟类起源于恐龙的证据，然而，已知与鸟类关系最接近的兽脚类恐龙多数比现知最早的鸟类出现的时代还要晚，今后应该从晚侏罗世及更古老的地层中寻找更多的带羽毛恐龙。目前，对鸟类起源于恐龙假说的最大挑战，可能来自于关于鸟类和恐龙前肢手指是否同源的问题。

鸟类飞行的起源

关于鸟类飞行的起源，学术界存在两种对立的假说：一为地栖起源说；二为树栖起源说。

1. 鸟类飞行的地栖起源说

这一假说最初是由美国学者威利斯通在1879年提出来的。他认为，鸟类的飞羽是由恐龙在奔跑、跳跃的过程中逐渐升腾起飞而形成的。1907年，匈牙利古生物学家诺卜查也提出了类似的假说，认为鸟类的祖先具长长的尾巴，在奔跑中扇动前肢以增加后肢在地面奔跑的速度，在这一过程中，身体上的鳞片逐步增大伸长，最终发展成羽毛，使鸟类的祖先能够由地面升腾上天。这个假说在随后的半个世纪里，基本上被学术界放弃。直到20世纪70年代，才由奥斯特罗姆提出类似的假说而得以复兴。

2.鸟类飞行的树栖起源说

此假说最初是由美国学者马什在1880年提出的。他认为，鸟类最初的飞行是通过借助树木的高度和空气的浮力作用先进行滑翔，经过长时间适应，产生适宜于飞行的形态与构造，从而使鸟类能在天空自由飞翔。丹麦鸟类学家海尔曼支持鸟类飞行树栖起源说。美国鸟类学家博克对这个假说作了进一步阐述。他认为，鸟类的祖先是个体较小的动物，它们先是爬树，栖息于树上，然后开始在树间进行跳跃，在这些活动过程中，鸟类的祖先便逐步地压扁身体，增大身体的表面积，羽毛逐渐扩大，从而开始滑翔，并终于产生了鸟类特有的展翅飞翔能力。

中国辽西中生代鸟类化石的发现和研究，支持鸟类的树栖起源假说。发现于辽西白垩纪早期义县组下部的孔子鸟的前肢上保留三个大而弯曲的指爪、脚具弯曲的脚爪且其远端的指节长于近端的指节，这些特征表明，孔子鸟生活时是树栖的。那么，孔子鸟能从地面直接起飞上树吗？不能，孔子鸟还不具备从地面直接起飞的能力。现生鸟类能从地面直接起飞，是因为它的祖先在向飞行进化的长期实践中，产生了一系列适应于飞行的形态与构造（图1-57）。例如：（1）身披适应于飞行的羽毛。（2）中轴骨多处愈合形成坚固支架；骨骼中空充以空气；前肢变为翼；发达的龙骨突扩大了胸肌附着面；尾椎大大缩短；腰带愈合形成腰部的稳定支架。（3）胸肌是鸟类最重要的飞翔肌，约占体重的1/5；分胸大肌与胸小肌，均起于胸骨和龙骨突，位于身体中心部位。胸大肌止于肱骨腹面，收缩时使翼下降；胸小肌肌腱穿过由锁骨、乌喙骨、肩胛骨围成的三骨孔，止于肱骨近端背面，收缩时使翼上举（图1-58）。始祖鸟、孔子鸟等早期鸟类尚不具备上述适应于主动飞行的形态与构造，因而只能在一定的高度并借助浮力的作用展翅滑翔。

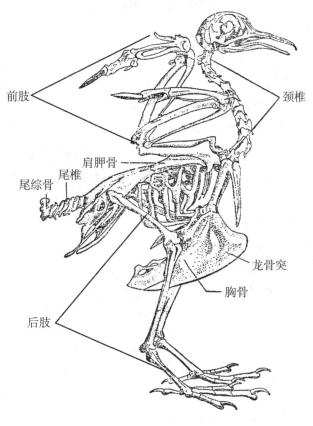

图1-57 现生鸽的骨骼

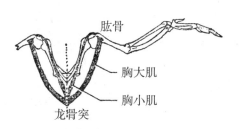

图1-58 鸟类前肢(肱骨至指骨)及胸肌，
后者支配翼(附着在前肢上)的运动

鸟类的早期进化

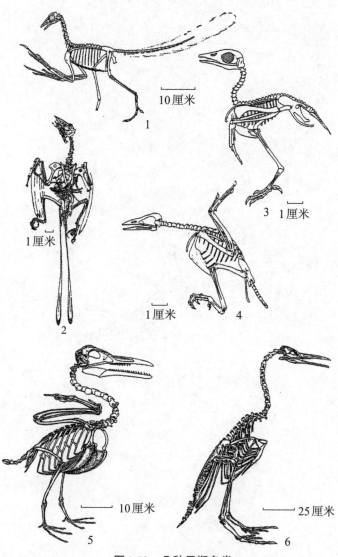

图 1-59　几种早期鸟类

1.晚侏罗世的始祖鸟；2.早白垩的孔子鸟；3.华夏鸟；4.辽宁鸟；
5.晚白垩世的鱼鸟；6.黄昏鸟

根据牙齿和角质喙的有无、胸骨龙骨突的有无、尾椎是否收缩和尾综骨的有无以及肩胛骨与乌喙骨关节面特征,鸟纲可分为古鸟亚纲、反鸟亚纲和今鸟亚纲(图1-59)。

1.古鸟亚纲包括最原始的鸟类,生存年代为晚侏罗世至早白垩世。他们的头骨保持其爬行动物祖先的双弓形,各骨片不愈合,其他骨骼亦显示较原始特征。发现于德国巴伐利亚索伦霍芬晚侏罗世的始祖鸟是现今所知原始的鸟类,但它不是现生鸟类的始祖,因为它的脚趾构造已经很特化,因此仅能成为鸟类早期演化史上一个旁枝。发现于辽西北票市早白垩世义县组下部的孔子鸟是最早具角质喙、无牙齿的鸟类,与之接近的还有锦州鸟和长城鸟。此外,发现于辽西朝阳市早白垩世九佛堂组的热河鸟和浙江省临海市早白垩世塘上组的雁荡鸟保存了长长的尾巴,也应属古鸟类。这说明,古鸟类在侏罗纪出现之后,在白垩纪早期分化发展,不仅种类增多,地理分布也在扩大。

2.反鸟亚纲因其乌喙骨—肩胛骨关节面的凹凸正好与今鸟类相反而得名,白垩纪早期出现,于白垩纪末期绝灭。我国辽西是反鸟类起源和早期适应辐射中心。发现于河北省丰宁县距今约1.3亿年前的桥头组的原羽鸟是最原始的反鸟,他的羽毛很原始,具有鳞片向羽毛演化的过渡性质。在早白垩世义县组沉积时期,反鸟类开始分化,到早白垩世九佛堂组沉积时期,反鸟类的发展达到鼎盛期,此后反鸟类开始衰退,于白垩纪末期随恐龙一起灭绝。反鸟类有牙齿;头骨未愈合;骨骼不充气;飞翔能力也不强。因此,反鸟类是鸟类早期进化中比较保守而又特化的一个演化分支。

3.今鸟类从早白垩世至今,包括所有现生鸟类,是鸟类向飞行进化过程中获得全面成功的主演化支。它的头骨变薄变轻,且愈合成一整体;骨骼充气;龙骨突起发达;尾大大缩短等一系列特征都比反鸟类进步,更适宜于飞行,更能战胜白垩纪末期的不利环境而延续至今。

发现于辽宁朝阳和义县早白垩世九佛堂组的朝阳鸟等是今鸟类的早期代表。今鸟类在早白垩世晚期已有明显分化,地理分布已比较广泛,它的最原始代表应出现在此之前的某个时期。晚白垩世的今鸟类以发现于美国堪萨斯州晚白垩世海相层的鱼鸟和黄昏鸟（图1-59）为代表。鱼鸟的大小像现今的鸭子，从骨骼特征推测，鱼鸟应是一种有较强飞翔能力的鸟类。黄昏鸟的体长达1.2米，比鱼鸟大得多；后肢趾间有蹼，适于涉水生活。它是鸟类飞行进化中出现的一种后水生鸟类，因适应涉水生活，在形态构造上出现了简化，如翼退化、胸骨无龙骨突等。

从新生代第三纪开始，鸟类迅速适应辐射，其种类和数量显著增加，地理分布广泛。现生的鸟类已达9 600多种，成了脊椎动物中仅次于鱼类的第二大类群。

十三、大熊猫的故事

    大熊猫是大家都很喜欢的哺乳动物,也是我们国家的国宝,其他国家动物园里的大熊猫都是从我国运去的。当出国的第一只大熊猫运到日本东京动物园时,市民争先恐后去观看,出现不同寻常的熊猫热。你看,在人们的心目中,大熊猫有多么珍奇!

图1-60　现生大熊猫

    尽管大家都很喜欢珍奇的大熊猫,但是,知道它身世的人并不多。因此,有必要把它介绍给大家。大熊猫是食肉目熊科的一种哺乳动物(图1-60)。

它的体色为黑白二色,有着圆圆的脸颊,大大的黑眼圈,胖嘟嘟的身体,标志性的内八字的行走方式,还有解剖刀般锋利的爪子。它的饮食习惯与别的熊类相似,是杂食性的,但主要的食物是竹子,野生的熊猫会吃草、野果、昆虫、竹鼠,甚至附近村落里养的羊,因此,在它们嘴里的牙齿中除前臼齿和臼齿有宽大的咀嚼面外,还有强大的犬齿(图1-61)。现在野生大熊猫分布在四川西部、甘肃和陕西南部海拔1 500～3 000米的落叶阔叶林、针阔混交林、亚高山针叶林带以及亚热带的山地竹林内,其中80%以上分布在四川境内。据调查,全世界野生大熊猫有1 864只,全国圈养大熊猫数量为375只。

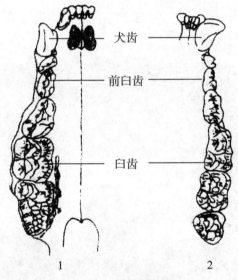

图1-61　大熊猫的齿列
1.上颚右侧齿列;2.下颚右侧齿列

　　熊猫在地球上的存在可以追溯到距今800多万年前的中新世晚期。那时,在我国云南省禄丰地区暖湿的森林区生活着始熊猫,它的个体犹如一只肥胖的小狐狸,以肉食为主,在中国的南部和中部发展,在云南省元谋地区距今400多万年上新世早期的地层中曾发现它的化石。又经过100多万年的演化,在上新世晚期,由始熊猫演化产生了一种体型只有现生大熊猫一半大、像一只胖胖的狗的小型大熊猫,与其共存的有先东方剑齿象等动物。小型大熊猫的头骨化石发现于广西乐业天坑,大约距今200万～240万年。它的脸部较长,牙齿的齿尖较钝,齿尖之间衍生出珐琅质瘤状突起,提高了咀嚼能力。因此推测,它已经开始以竹子为主要食物了。此外,在湖北建始龙骨洞距今大约180万年的沉积物中发现了与小型大熊猫相似的武陵山大熊猫。这说明,那时大熊猫分布的范围大大地扩大了。更新世中、晚期是熊猫发展史上的鼎盛期。这时的大熊猫称为巴氏大熊猫,它的体型比现生大熊猫略大,与其共存的有东方剑齿象、中国犀、华南巨貘、最后斑鬣狗等哺乳动物,形成东方剑齿象-巴氏大熊猫动物群,分布于秦岭-大别山以南的广大地区,还扩展到了越南和缅甸北部。约2万年前的末次冰期之后,随着气候逐渐变暖,人类生产活动范围逐渐扩大,东方剑齿象-巴氏大熊猫动物群开始衰落,其分布范围逐渐萎缩。全新世早期,在浙江、江西、云南等省区境内仍有东方剑齿象-巴氏大熊猫动物群存在。此后其分布区逐渐退缩到四川盆地西缘及西北缘山地,动物群的成员也逐渐减少,仅存现生大熊猫等少数成员。

十四、马的进化

马是大家都比较熟悉的哺乳动物。它虽然没有大熊猫那样珍贵,那样招人喜欢,但它随着时间推移而发生有规律演化的事实却早已引起生物进化论者的注意,常常被用作论证生物进化的重要证据。

从森林走向草原、从北美走向全世界

最早的马出现于距今5 000多万年前的始新世早期,称为始马(图1-62)。始马的个体小,只有现代狐狸那么大;头骨原始,颊齿的齿冠低;四肢细长,前脚三趾,后脚四趾。始马生活于森林环境,摄食植物幼嫩的枝叶。这类始新世早期的马,广泛分布于北美洲和欧洲,在我国广东南雄盆地也有发现。

随着始新世早期的结束,始马在东半球大陆上便灭绝了。从那时起,马的进化和发展便只限于美洲大陆。以后在其他大陆上发现的马类,都是从北美洲迁移过去的。

由始马演化产生的渐新马生存于北美洲的渐新世早期,渐新马的个体较始马大,其大小如现代的小羊;前、后脚均变为三趾,中趾明显增大,但三个脚趾均着地;颊齿冠仍然比较低。这时的马仍以嫩枝嫩叶为食。

到渐新世中、晚期,由渐新马进一步演化产生了中新马。到了中新世,由于环境的多样化,特别是成片草地的出现,马类的进化由早期的单线演化变为分支发展:第一支为中新世的太古马;第二支为中新世和上新世的安琪马;

第三支在中新世由副马演化为草原古马。其中，第一支和第二支是比较保守的侧支，第三支才是进化的主干，由它进一步演化产生了中新世以后的马。

中新世时的草原古马，身体已增至现代的小马那么大，脚虽然仍为三趾，但侧趾已经退化到很少起作用，主要靠中趾着地行走，能够在硬地上快速奔跑。由于食性的改变，即由早先食嫩枝嫩叶变为摄食纤维素含量多的坚韧小草，牙齿的齿冠增高、咀嚼面扩大。

在中新世结束时，由草原古马分化产生了三趾马和上新马，其中的三趾马是比较保守的一支，脚仍然为三趾，而上新马则是比较进化的一支，脚已变为单趾（仅中趾发达），两侧的侧趾已经退化到仅剩痕迹。

到了上新世末期，上新马又进一步分化产生了南美马和现代分类学上的马（属）。南美马在更新世时曾经生存于南美洲，于更新世末期灭绝了。因此，在当今地球上生存的马、斑马和驴在分类学上都归于同一个属——马（属）。据研究，马属的马最初是在北美洲起源的，在更新世初期迁移到了其他大陆，成为一种全世界分布的马（图1-62）。

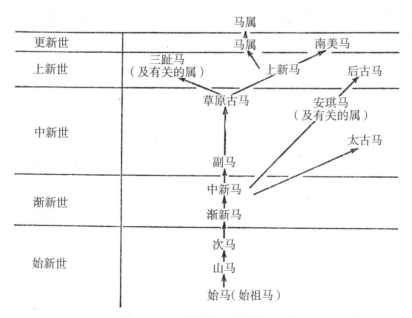

图1-62　马类演化历史的简明图表

马的进化趋势

纵观马由始新世初期到现代的进化，马类的形态结构和生活习性发生了有规律的变化（图1-63），主要表现为：①个体由小到大；②腿和脚伸长，脚趾由最初的四趾变为三趾，最后变为单趾；③面部变大变长，上、下颌的颚骨增强、变高；④颊齿的冠面由窄变宽，珐琅质褶皱增多；⑤齿冠由低变高；⑥生活环境由森林变为草原，由脚踩软地到在硬地上奔跑，由摄食嫩枝嫩叶到咀嚼干、鲜小草。

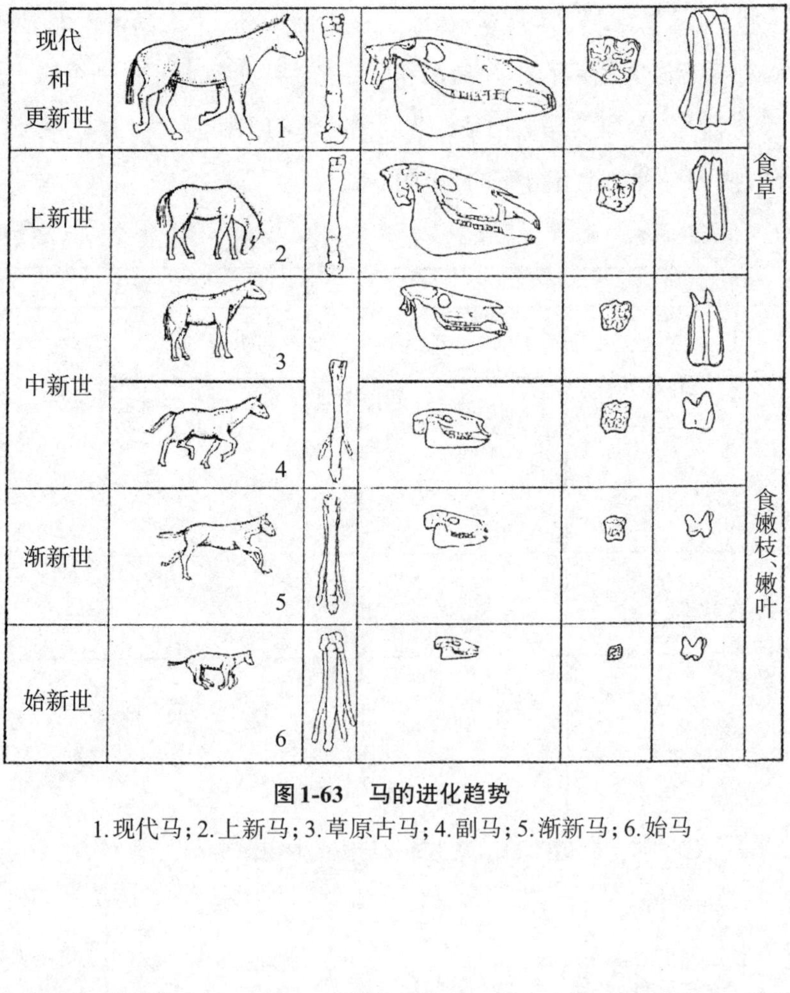

图1-63 马的进化趋势
1.现代马；2.上新马；3.草原古马；4.副马；5.渐新马；6.始马

十五、从猿进化到人

到动物园游玩，可以看到现代仍然生存于非洲的大猩猩和黑猩猩以及生存于亚洲南部的猩猩。他们在形态和行为方面与人类有一些相似，譬如鼻孔朝前；拇指与食指相对；齿式均为2/2（门齿）、1/1（犬齿）、2/2（前臼齿）、3/3（臼齿）；大脑皮层都发达；面部表情复杂，能够表达喜、怒、哀、乐等复杂的心理活动。因此，人们称他们为类人猿，并且认为，人类与类人猿属同一科，共同起源于一支古猿祖先。

先前的研究认为，发现于中新世的森林古猿及由森林古猿演生的腊玛古猿是人类与类人猿的共同祖先。新近的研究认为，腊玛古猿与人类的起源无关。人类与类人猿共同起源于哪支古猿，目前还不清楚。

现已确认，两足直立行走是人科成员最基本的特征。这样，两足能够直立行走，但还不能制造工具的南方古猿就进入到了人类的范畴。20世纪90年代以来，在非洲又发现三批化石，证明最早的人科成员可追溯至500～700万年前，但材料比较零星。那么，怎样知道你所发现的古猿化石的两条腿能直立行走呢？这是一个很专业的问题，需要有一定专业知识的人才能做出正确的判断。判断古猿是否能直立行走，可以从头骨枕骨大孔的位置及朝向、骨盆和腿骨的解剖结构做出判断。譬如，如果你所发现的古猿的头盖骨的枕骨大孔位于颅骨底部中央并且朝向下方，大腿骨后部有股骨脊，那就表明它能直立行走。

根据现有的化石资料，从南方古猿到现代人，人类的演化大致经历了以

079

下四个阶段：南方古猿、能人、直立人和智人。

1.南方古猿

1924年，在南非阿扎尼亚塔昂的采石场，采石厂工人发现了一具似人又似猿的残破头骨，经解剖学家达特研究，认为这是6岁左右的幼儿头骨，犬齿像人一样很小，能够直立行走，推测它代表了猿和人的中间环节，定名为非洲南方古猿。这是世界上最早发现的南方古猿化石。自此之后的90多年间，多国科学家在非洲20多个地点发现了9种南方古猿化石，其中以1994年公布的发现于埃塞俄比亚距今440万年的南方古猿始祖种最为古老。著名的"露西"属于南方古猿阿法种，是迄今发现的最为完整的古人类骨骼之一（保存了40%的骨骼），生存年代约为350万年前。现在认为，南猿阿法种是南猿始祖种的直接后裔，而且由南猿阿法种进一步演化产生了能人。

南方古猿生存于距今440万～100万年前，主要分布于非洲南部和东部，以具有粗壮的颚骨及厚层珐琅质的牙齿为特征，能够两足直立行走，脑容量比较小（仅400毫升），还不能制造工具。

2.能人

1960年在坦桑尼亚奥杜威更新世早期地层中发现了古人类头骨化石及一些原始石器（主要是用砾石打制成的砍砸器）。由于该化石头骨的脑容量达700毫升，其他特征也比南方古猿进步，还能制造工具，因而将其定名为能人，并将当时的石器文化称为奥杜威文化。

能人最著名的化石代表当属1972年发现于肯尼亚图尔卡纳湖东岸距今190多万年前地层中的1470号颅骨，伴随发现的还有一些肢骨。颅骨的脑容量已达775毫升，肢骨与现代人相似。

能人生存于距今250万～160万年前，其主要特征是头骨壁薄，眉脊不明显，脑量500～775毫升，颊齿，特别是前臼齿比南方古猿窄，手的拇指与其他四指能对握（但还不够精准），两足能直立行走，能制造原始石器。迄今所知，能人主要分布于非洲东部。

3. 直立人

尤金·杜布瓦是一位着迷于人类起源问题的荷兰人。1887年他被荷兰政府以随队军医身份派往当时受荷兰统治的印度尼西亚的苏门答腊。他趁机在那里寻找古人类化石。功夫不负有心人，1890年他在中爪哇的克布鲁布斯发现了一件下颌骨残片；1891年他又在特里尼尔附近发现了一个头盖骨；1892年在距发现头盖骨处不远的地方还发现了一根大腿骨。他认为这些发现解决了"达尔文的缺环"问题，并于1892年定名为直立人猿，1894年又改名为直立猿人。当时，杜布瓦的观点遭受到教会的强烈反对，以致爪哇直立人（图1-64-1）在人类演化中的地位未得到确认。

20世纪初，中国地质调查所的科技人员与来自瑞典和奥地利的专家在北京周口店龙骨山调查时，发现了一批古脊椎动物化石和两颗古人类牙齿。在此发现公诸于世之后，受到了政府有关部门和世界学术界的重视。从1927年开始，到1936年，中国的古脊椎动物学家杨钟健、裴文中、贾兰坡等人，与来自瑞典、奥地利、美国和加拿大的专家共同对周口店龙骨山的洞穴堆积进行了历时10年的科学发掘和研究，发掘出多具"北京人"头盖骨（图1-64-2）、大量石器和古脊椎动物化石，还发现了古人类用火的遗迹，在古人类学、旧石器考古学和古脊椎动物学研究方面取得了丰硕成果，震撼了世界学术界，不仅确认了"北京人"在人类演化过程中的直立人地位，而且把爪哇直立猿人从教会的桎梏下解放了出来，确认了其在人类演化中的地位。1940年，在美国学者魏敦瑞的倡导下，将"北京人"改名为北京直立人，把爪哇直立猿人也改名为爪哇直立人。

直立人的名称是根据其下肢能够采取直立的姿态而来的。直立人的脑容量（800～1 200毫升）比能人大而比现代人小，牙齿比较硕大和粗壮，面部比较短而明显前突，眉脊非常粗壮而向前突出，额向后倾斜，头骨的厚度比现代人大。直立人制造和使用的石器不仅类型多，而且制造技术也比能人进步。直立人已开始使用火。直立人生存的年代为距今180万～30万年前的旧石器时代早期，分布于非洲、亚洲和欧洲的广大地区，比能人的分布区有很大扩展。

我国发现的直立人有云南元谋人、陕西蓝田人、湖北郧县人和郧西人、南京汤山人、北京直立人等。

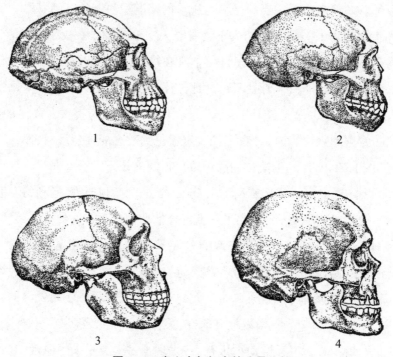

图1-64　直立人与智人的头骨比较
1.爪哇直立人；2.北京直立人；3.早期智人；4.晚期智人

4.智人

在分类学上属于人科人属智人种，包括化石智人和现代人。从解剖学上区分，智人可区分为早期智人和晚期智人。

（1）早期智人（图1-64-3）

生活于距今20万～10万年前的非洲、亚洲和欧洲。在欧洲，早期智人的代表最早（1856年）发现于德国尼安德特河谷，因此得名尼安德特人（简称尼人）。在形态学上，他的特征介于典型直立人与现代人之间。以头骨的额部比较低平，眉脊比较粗壮，颌部前突而下颌颏部向后退缩等特征区别于现代人，而与直立人相似。早期智人相对于直立人，他们的脑容量（约1 360

毫升)明显增大,制造石器的技术有明显进步,石器类型增多,出现了骨器,不仅可以使用天然火,而且可能会人工取火。

我国发现的早期智人有广东的马坝人、湖北的长阳人、山西的丁村人、辽宁的金牛山人、陕西的大荔人等。

(2)晚期智人(图1-64-4)

晚期智人出现于距今10万年前,一直延续至今。在解剖学上,晚期智人与现代人没有明显区别(图1-65,图1-66)。它与早期智人的区别是前额高,脑壳短而高,下颌向前突出,骨骼更薄更轻,分布地区比早期智人广,已扩展到澳大利亚和北美洲。

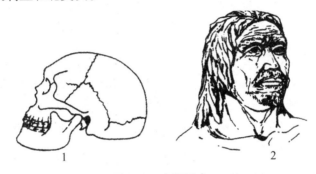

1　　　　　　　　　　2

图1-65　山顶洞人

1.山顶洞人的头骨化石;2.山顶洞人的复原头像

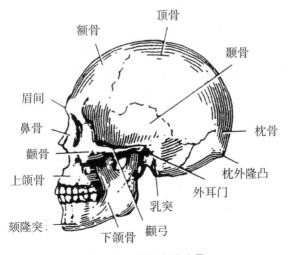

图1-66　现代人的头骨

在欧洲,晚期智人的代表最早(1868年)发现于法国克罗马农村距今3万多年前的更新世晚期地层中,因此得名克罗马农人。

我国发现的晚期智人化石有广西柳江人、四川资阳人、内蒙古河套人和北京周口店的山顶洞人等。根据北京周口店山顶洞人遗址的发现,在晚期智人阶段,除了石器比早期智人的精美外,还有不少骨器、角器以及用石头、骨骼、角制成的长矛等复合工具,已有相当好的捕鱼技术,能够用摩擦方法人工取火。

5.现代人的起源与进化

现代人是指现今生活在世界上不同国家和地区的黄种人、白种人、黑种人和棕种人。现代人是怎样由早期人类演化而来的呢? 主要有两种假说,即单一地区起源说和多地区起源说。

单一地区起源说认为,所有的现代人都是起源于非洲的早期智人,然后迁移到世界各地,并取代了当地的原住民而发展至今。多地区起源说则认为,亚、非、欧各洲的现代人是由当地的早期智人,甚至直立人独立演化而来,同时强调同一地区的古人类在向现代人类演化过程中存在着与其他地区古人类之间的基因交流。究竟哪一种假说更接近于真理,目前还难定论。

现代人起源后还进化不进化? 进化是建立在可遗传的变异和选择这两个基础之上的。也就是说,只要现代人具有可遗传的变异,同时人类生存环境对可遗传的变异有选择作用,现代人就会继续进化。大家知道,人的肤色是可以遗传的,白人与白人结婚,其子女也是白人;同时,人的肤色也是可以变异的,白人与黑人结婚,其子女可能是白人或黑人,更可能是不白也不黑的人。如果世界上不存在种族隔离,若干年后,人与人之间的肤色差异也许就不存在了。早期的人类不会用火,生吃食物;人类学会用火之后,所吃的食物大部分是煮熟了的;随着科学技术的进步,人类吃的食物更精细、更有营养。因此,人体的消化系统的结构和功能就会发生相应的变化,如牙齿变小、牙齿的数目由32减少为28,阑尾趋于退化。随着乳制品业的发展,不仅给婴幼儿提供了更多的营养品,还使很多成年人有了消化乳糖的能力。现代人的进化,不仅表现在体质方面,还表现在社会文化的进步方面。人类社会的文化已由石器文化、青铜器文化、铁器文化、蒸汽机文化、精密电器文化演进到互联网文化。

人类的生物学进化为社会文化的进化奠定了坚实的基础,而社会文化进化的结果亦将导致人类智力水平的提高和体质的进化。人类的生物学进化与文化进化是相互作用、相互影响的,两者共同决定着人类的未来。

十六、最早的陆生植物是怎样的

在人类生活的大陆上，除了终年被冰雪覆盖的南北两极、雪原之巅和广阔无垠的戈壁沙漠之外，到处都生长着各种各样的植物。那么，在古老的大陆上，是否也像现代这样呢？什么时候才出现陆生植物？早期的陆生植物是什么样的？让我们回到大约4亿年前的古老大陆上去看一看吧！

原来，从生命在地球上起源，到距今4亿多年前的志留纪晚期，在长达约30亿年的古老大陆上，既没有高高的大树，也没有低矮的小草，所有的植物都生活在水里。只是到了志留纪后期，由于大规模海退，出现了大面积的滨海低地沼泽。原来在那里生存的高等藻类，经过长期演化，逐渐适应了低洼陆地的潮湿环境，出现了原始陆生维管植物。究竟原始陆生植物起源于哪种藻类，目前在科学家中还有不同意见，不过，多数人认为，它们是起源于高等绿藻。

那么，原始陆生维管植物是否像现代植物那样根深叶茂呢？不是的。刚刚适应陆地潮湿环境的原始维管植物，它们的植物体还没有真正的根和叶，只有呈柱状的茎。它们的茎由横卧的拟根茎和从拟根茎上长出的直立气生茎两部分组成，在茎轴基部和拟根茎上长有丝状的假根。相对于以后的有叶植物，科学家们称原始陆生维管植物为无叶植物（图1-67）。在无叶植物的茎轴内，发育了原始的维管组织——原生中柱，有输送水分和营养物质的作用。茎轴表面，有角质层和气孔，可以防止水分蒸腾和进行呼吸。在茎轴顶端着生孢子囊，产生具坚韧外壁的三缝孢子，用孢子进行繁殖。

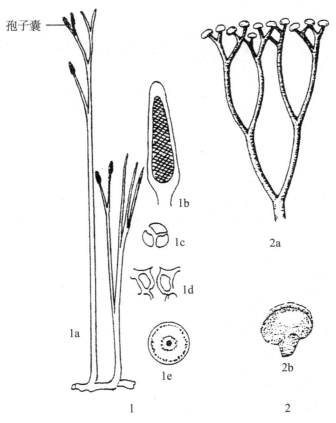

孢子囊

1b

1c

1d

1a

1e

1

2a

2b

2

图1-67　原始陆生无叶植物
1.泥盆纪早期的瑞尼蕨：1a.植物体复原图；1b.孢子囊纵切面；
1c.三缝孢子形态；1d.茎轴表面气孔横切面；1e.茎轴横切面示原生中柱
2.志留纪晚期的库克森蕨：2a.植物体二歧式分叉，孢子囊着生小枝顶端；
2b.肾形的孢子囊

　　无叶植物出现于志留纪晚期，繁盛于泥盆纪早、中期，以后逐渐衰落。
现今热带森林中生存的裸蕨就是它们残存的后裔。

　　无叶植物的结构虽然很原始，但它们最先使陆地披上了绿装，还繁衍出
了有叶植物后代。因此，在植物界系统演化中占据重要地位，受到各国古生
物学家的重视。

十七、2.5 亿年之前的蕨类植物

　　前面已经介绍过最早的陆生维管植物是无叶植物。由它们演化产生了有叶植物。那么,植物的叶子是怎样产生的? 现代植物的叶子,有小型叶和大型叶之分别。小型叶和大型叶起源的方式相同吗? 在科学家中流传着两种学说,即顶枝学说和突出学说。顶枝学说认为,无论大型叶还是小型叶,都是由顶枝演化而来的,大型叶是由多数顶枝连合并且变扁而形成的(图1-68),小型叶则是由单个顶枝扁化而成的(图1-69, 1-4);突出学说则认为,小型叶起源于茎轴表面的突出体,叶脉是后来才发生的(图1-69, 5-9)。

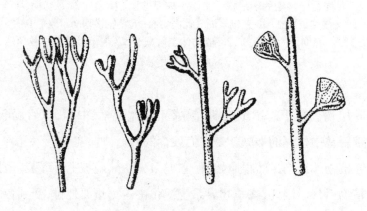

图 1-68　大型叶的起源图解
根据顶枝学说

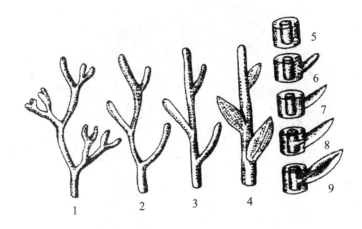

图1-69　小型叶的起源图解
1～4根据顶枝学说；5～9根据突出学说

　　据研究，具小型叶的植物（如石松类）出现于距今约3.8亿年前的泥盆纪早期，于石炭纪时达到鼎盛，从二叠纪起逐渐衰退，现今仅残存石松、卷柏等少数几个属和为数不多的种。

　　在现代的植物群落中，石松、卷柏等具小型叶的蕨类植物，都是一些低矮的小草，看起来已经很不起眼，但在两亿多年前的陆地上，却有许多"顶天立地"的高大乔木，参与形成了许多著名的煤矿，深受古植物学家重视。

　　让我们来看一看石松类化石中的鳞木吧！鳞木（图1-70）是高大的乔木，主干高而直，高可达约30米，由二叉分枝形成树冠。叶子细长，仅一条叶脉，在茎上呈螺旋排列，脱落后在茎上留下叶座。树干基部为根座，二叉式分出水平分枝，其上生长不定根。由孢子进行无性繁殖。由许多着生孢子的孢子叶聚生成的孢子叶穗是其无性繁殖器官，着生于枝顶或主干末端。鳞木植物生存于古生代晚期的石炭纪和二叠纪，是当时植物群的重要成员。

089

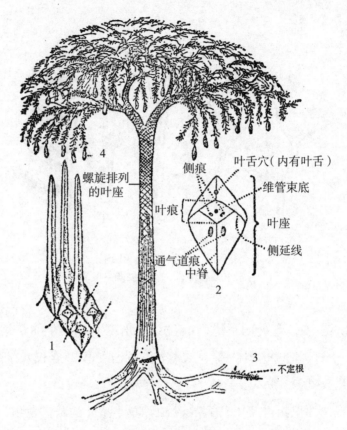

图 1-70   鳞木复原图

植物体复原图及各部器官示意图: 1.叶在茎或枝上着生状态
及叶脱落后留下的叶座; 2.单个叶座的放大及其各部分名称;
3.根座在底下二歧分枝的匍匐分布状态; 4.鳞孢穗

在现代热带、亚热带森林和潮湿低地生长的真蕨类,如桫椤、鳞毛蕨、观音座莲蕨等是具大型叶的蕨类植物。它们的显著特征是有大型的羽状复叶,孢子囊不聚生成穗,而是单生或成群着生于叶子的背面。在现代的真蕨类中,除生存于热带地区的桫椤是高达约10米的树蕨外,其余的也都是低矮的小草。但在约2亿年前的陆地上,许多真蕨植物都是高大的乔木。生存于古生代晚期的辉木就是其中的典型代表。辉木又名沙郎木(图1-71),是高达10米以上的树蕨,茎的直径可超过20厘米。大型羽状复叶聚生于茎干顶端,叶子可长达两三米。叶子脱落后,在茎干表面留下卵圆形叶痕。

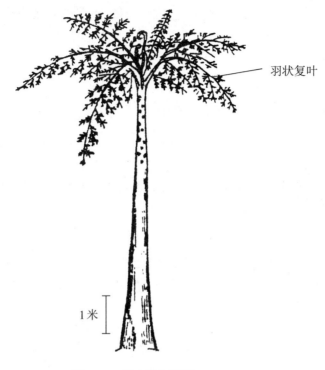

图1-71　辉木的复原图

羽状复叶

1米

　　最早的真蕨类出现于距今约3.8亿多年前的泥盆纪中期,在石炭纪早期已经比较繁盛,与具小型叶的原始蕨类植物一起形成了小片的滨海沼泽森林。到石炭纪中期至二叠纪,蕨类植物极度发展,形成了广阔的滨海沼泽森林,为地质历史上全球性的聚煤作用提供了物质来源。我国华北和东北南部的许多重要煤田都是在这一时期形成的。在古生代之后,随着种子植物的兴起和繁盛,蕨类植物尤其是具小型叶的蕨类植物迅速衰落。在现代的蕨类中,具大型叶的真蕨类占据统治地位。

十八、孢子、种子与果实

前面介绍的蕨类植物的无性繁殖是通过孢子的萌发进行的,称之为孢子植物。接着要介绍的种子蕨、银杏和被子植物的无性繁殖,是通过种子的萌发进行的。在高等植物进化中,从孢子到种子,再由种子到果实,表现出明显的阶段性。种子的出现是植物进化史中革命性进化事件之一。在介绍后续的种子植物之前,我们先来认识一下孢子、种子与果实。

孢 子

我们以石松(图1-72)为例来认识孢子植物的孢子。在距今3亿多年前的石炭纪早期,石松的先辈——鳞木为高大的乔木,而今的石松为低矮的小草,但它仍保留了祖先的特征,用孢子进行无性繁殖,而且它的孢子的形状和大小是相同的,属同型孢。产生孢子的器官,称孢子囊,孢子囊中的孢子由孢子母细胞通过分裂产生。孢子囊单生于孢子叶的腋部,孢子囊和孢子叶聚生枝顶,形成孢子叶穗。

比石松进步的卷柏的孢子有大小之分,属异型孢。小孢子由小孢子囊产生,大孢子由大孢子囊产生。小孢子囊内有许多小孢子母细胞,每个小孢子母细胞发育成4个小孢子。大孢子囊中也有许多大孢子母细胞,但通常只有一个继续发育为成熟的大孢子,其余的大孢子母细胞则退化。小孢子囊着生在小孢子叶上,大孢子囊着生在大孢子叶上。孢子叶聚生枝顶,明显地成4纵行排列成孢子叶穗。孢子叶穗两性或有时单性，两性的孢子叶穗，通常上半部分为小孢子叶，下半部分为大孢子叶。

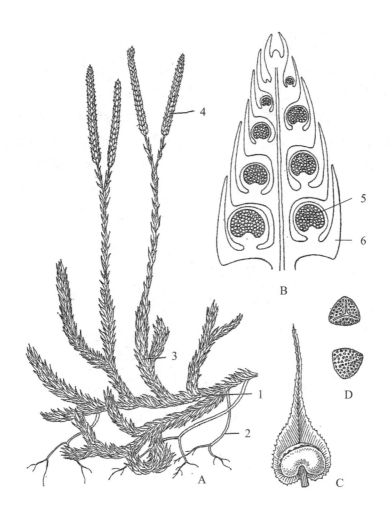

图1-72　石松

A.植株；B.孢子叶穗纵切面；C.孢子叶及孢子囊；D.二个孢子
1.匍匐茎；2.不定根；3.直立茎；4.孢子叶穗；5.孢子囊(内含许多孢子)；6.孢子叶

种子植物是由具异型孢的蕨类植物演化产生的。产生种子的胚珠与大孢子囊相当。

种　子

1.胚珠的结构（图1-73）

种子是由胚珠发育而成。裸子植物的胚珠袒露在孢子叶上，而被子植物的胚珠则隐藏在雌花的子房内（雌花基部的膨大部分，包含胚珠）。胚珠主要的部分是珠心，而珠心的中央部分为胚囊，珠心的外侧包有一层珠被，珠被在珠心的顶部留有一个小孔，叫珠孔，为受精时花粉管到达珠心的通道。胚珠以珠柄着生在胎座上。营养物质从胎座通过珠柄进入胚珠。胚囊内有8个细胞，接近珠孔一端有一个卵细胞，两个助细胞；与之相反的一端有三个反足细胞；中间有两个中央细胞。

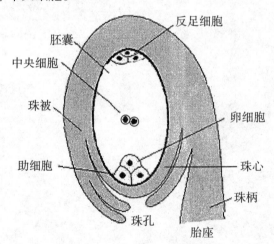

图1-73　胚珠的纵切面模式图

2.种子的结构（图1-74）

种子是种子植物所特有的繁殖器官，它是由胚、胚乳和种皮三部分组成。其中最重要的是胚，它是幼小的植物体。在成熟的种子中，胚已发育成一幼小植物的雏形，具有胚芽、子叶、胚轴（玉米中没有）和胚根。当种子萌发时，胚芽、胚根和胚轴的细胞就不断地进行细胞分裂、扩大，使胚迅速形成幼苗。

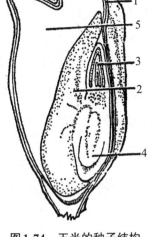

图1-74 玉米的种子结构

1.种皮和果皮;2.子叶;3.胚芽;4.胚根;5.胚乳

3.胚珠发育与种子形成(图1-75)

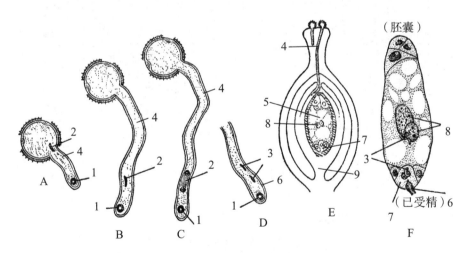

图1-75 被子植物花粉管的生长与双受精

A—D.花粉管的生长和精子的形成;E.花粉管进入胚囊;F.双受精

1.营养核;2.生殖细胞;3.精子;4.花粉管;5.胚囊;6.花粉管末端;7.卵;8.中央细胞;9.珠孔

在被子植物的花成熟后,雄花花药中的花粉,通过风或昆虫作媒介传播到雌花的柱头上，花粉粒在柱头上分泌物的诱发下萌发，形成花粉管，通过柱头、花柱向胚囊延伸，由珠孔进入胚囊；与此同时，花粉粒中的生殖细胞分裂，形成两个精子（图1-75F之3），其中的一个精子与胚囊内的卵结合，形成受精卵；另一个与中央细胞结合，形成受精的中央细胞（或受精的极核），完成被子植物所特有的双受精。被子植物双受精后，由受精卵发育成胚，由受精的中央细胞发育成胚乳，由胚珠的珠被发育成种皮，共同组成种子。

果　实

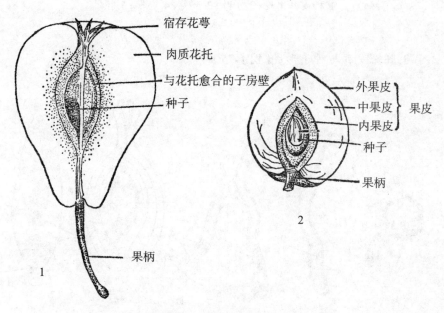

图1-76　果实的构造
1.梨，示假果；2.桃，示真果

被子植物双受精后，花的各部发生显著的变化。花萼、花冠一般枯萎（花萼有宿存的），雄蕊以及雌蕊的柱头和花柱也都萎谢，剩下的只有子房。这时,胚珠发育成为种子,子房也随着长大,发育成为果实。多数植物的果实,是只由子房发育而来的,这叫真果,如我们喜欢吃的桃子。也有些植物的果实,除子房外,花托也参与果实的形成。这样的果实,叫做假果。我们常吃的梨子就是一种假果。

果实的构造比较简单,外为果皮,内含种子。果皮可分三层:外果皮、中果皮和内果皮(图1-76)。果皮是由子房壁发育形成的。果皮部分的变化很多,因而形成了各种不同类型的果实。

种子植物最突出的特点是用种子来繁殖。由胚珠发育形成的种子,由种皮、胚乳和胚三部分组成。此种结构,不仅使作为幼小植物先体的胚能得到很好保护,而且为胚的发育贮存了养料,保证胚在休眠后能继续发育,这是种子植物种族适应陆地环境的最好方式。此外,种子植物在受精过程中形成花粉管,精子由花粉管输送到胚囊并与卵细胞融合,使种子植物的有性生殖再也不受水条件的限制。因此我们说,种子的出现,是植物进化史上的革命性事件。根据种子是否有果皮包被,现生的种子植物可分为裸子植物和被子植物两大类。裸子植物无子房构造,胚珠裸露在大孢子叶上,不形成果实。被子植物最显著的特点是在繁殖过程中产生特有的花,胚珠包被在子房里,不裸露;传粉受精后胚珠发育成种子而子房发育成果实,种子仍然包被在果实内,这就保护胚不受外界不良环境条件的影响,并使后代的繁殖和传播得到可靠保证。在受精过程中出现了特殊双受精现象,除精卵结合成受精卵外,作为胚的养料的胚乳也是经过有性过程产生的,这样,不仅使胚具有父本和母本的遗传特性,而且使胚乳也具有父本和母本的遗传特性,因此,增强了后代的生活力和对环境的适应能力。这样,我们就不难理解为什么种子植物优于孢子植物,被子植物优于裸子植物了。

十九、最原始的种子植物

在我国距今3.5亿～2.5亿年前的石炭纪至二叠纪陆相地层中,常发现较多的着生有种子的蕨叶化石。它们既不像具大型羽状复叶的真蕨类,因为在真蕨类叶子的背面可以看到有分散排列的孢子囊群,而不具有种子;也不像我们认识的苏铁、银杏、松和柏等裸子植物,因为裸子植物的生殖器官通常聚生成球果状,而不是分散祖露在叶子面上。经过多年的研究,人们才知道,原来这些着生有种子的蕨叶化石,是一类出现于距今3.6亿年之前的泥盆纪晚期,在石炭纪和二叠纪曾经很繁盛,在此之后逐渐衰退,并于距今6 600万年前已经绝灭了的一类原始的种子植物。因其种子着生在蕨叶上,因此称之为种子蕨。

种子蕨的植物体不很大,常为小乔木或灌木,具网状中柱,分枝很少,着生大型羽状复叶,生殖叶上长有种子。与真蕨类有以下不同:(1)生殖叶上着生的是种子,而不是孢子囊群;(2)茎、枝有次生分生组织,不仅可以长高,而且还可以长粗;(3)叶大,多数为大型羽状复叶,且蕨叶下部常二歧分叉且叶面的角质层比较厚;与后期的裸子植物不同的是种子不集成球果,而是单个的直接长在不变形或略变形的羽片(小羽片)或羽轴上,但中生代种子蕨的种子常多个着生在一起。

种子蕨化石最常见的为其叶部化石。如果在叶部化石上未载有种子,那如何与真蕨类的蕨叶化石相区别呢? 由于种子蕨及其他裸子植物比蕨类植物更能适应陆地干燥气候环境,叶面上有较厚的角质层,而蕨类植物多生于温暖潮湿环境,叶面角质层薄,因此,可用硝酸及碱液浸泡处理叶片化石,在酸和碱的作用下,角质层是会溶解的。若为蕨叶化石,叶面薄的角质层会很快被溶失;若为种子蕨的叶部化石,因角质层厚,不会很快溶失。种子蕨的代表有脉羊齿(图1-77)和织羊齿(图1-78)

图1-77　脉羊齿,在蕨叶顶端具种子,石炭纪晚期

图1-78　织羊齿,二次羽状复叶,种子长在复叶下部小羽片基部的羽轴上

　　现在一般认为种子蕨是起源于具有异形孢的孢子植物,其根据是在泥盆纪晚期地层中发现一类名为古羊齿的植物化石,在其生殖叶上的孢子囊内含有大小不同的异形孢子,但其茎干化石有次生木质部,说明该类植物具有由孢子植物向种子植物演化的过渡性质。种子蕨类在泥盆纪晚期出现后,在石炭纪和二叠纪发展很快,主要繁盛于北半球。在古生代末期,种子蕨类按胚珠着生的位置,沿两条不同路线进化为新的裸子植物。第一条路线是胚珠着生的位置由叶尖转移到叶缘,再转移到叶片的主脉上,演化产生苏铁、本内苏铁和买麻藤类更进步的裸子植物。这一类裸子植物的主茎粗短,

很少分枝或不分枝,叶很大。常为大型羽状复叶,种子辐射对称,生于叶上,因此称之为叶生裸子植物。第二条路线是胚珠从叶缘回转到叶尖,主茎细长,分枝很多,叶形小,多为单叶,种子两侧对称,生于轴上,因此称之为轴生裸子植物,包括科达、银杏和松柏类。到了中生代,苏铁和本类苏铁、银杏和松柏类等裸子植物逐渐繁盛,种子蕨类则逐渐衰落,于白垩纪晚期绝灭。

二十、活化石——银杏

通过前面的介绍,大家已经知道,化石是没有生命的物体。那么,为什么在植物学中称银杏为活化石呢?难道说化石也是有活的吗?

原来,活化石一词是由英国著名的进化论者达尔文根据东亚现今仍然生存的古老树种银杏首先提出来的,用以代表那些经过漫长地质历史时期而变化很少且迄今仍然生存的物种。那么,根据什么说银杏是活化石呢?由地质历史时期延续至今的物种都可以称它为活化石吗?

根据古植物学家的研究,银杏类植物在地球上的存在,可以追溯到距今约2亿多年前的三叠纪晚期,在其后的侏罗纪和白垩纪十分繁盛,广布于欧亚大陆的植物地理区内。到了白垩纪末期,由于海平面大幅度下降,陆地面积扩大,全球气候发生巨大变化,比裸子植物适应性更强的被子植物逐渐繁盛,在新旧植物群的盛衰演替中,属于裸子植物的银杏类大大衰退。到第三纪末及第四纪初,北半球气候变冷,产生了巨大的冰川,银杏类的一些种遭受灭绝,生存种的分布范围大大缩小,延续至今的,只剩下银杏这一个种了,而且野生种群的分布范围仅局限于我国浙江省西部天目山海拔500～1 000米的高程内。因此,银杏是我国特有的珍奇树种。

银杏为落叶乔木,树干高大,叶扇形,雌雄异株,种子呈球果状(图1-79),在植物系统分类中属裸子植物。由于银杏树形美观,种子和叶片都有药用价值,现已广泛引种栽培。在古庙的庭院中,差不多都长着挺拔高大的银杏树。北京西郊大觉寺庭院中的一棵银杏树,据说还是辽代时种植的,至今已有近1 000年的树龄了。正因为银杏树的存活期比较长,祖孙三代都可受益,所以又称其为公孙树,庙宇也种植它,作为其古老历史的见证。

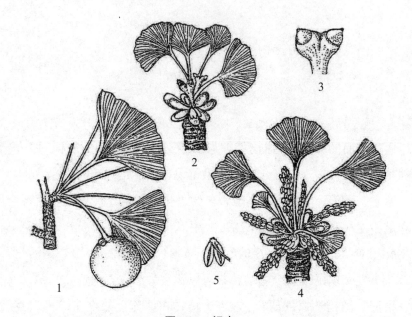

图1-79　银杏
1.长、短枝及种子;2.生大孢子叶球的短枝;3.大孢子叶球(雌性生殖器官);
4.生小孢子叶球的短枝;5.小孢子叶(雄性生殖器官)

　　像银杏这样的活化石,在植物界中还有银杉、水杉等植物,在动物界中有鲨、矛尾鱼、海豆芽等动物。生存于北半球欧亚及北美大陆东岸的鲨与约2亿年前的化石种很相似。发现于非洲东部马达加斯加与科摩罗群岛之间海域的矛尾鱼与约3亿年前泥盆纪时的祖先差别不大。而在现代海滨浅水泥沙底质内生活的海豆芽甚至与4亿年前的祖先还很相似呢!

　　前面提到的这些植物和动物,它们的历史至少有1亿年,说它们是活化石当之无愧。可是,在一些书刊中,有人说大熊猫也是活化石,其实,大熊猫的历史只不过才200万年左右,与银杏等生物的历史相比,那就短多了。那么,确定哪种现存的生物是活化石,哪种现存生物不是活化石,有没有一个标准呢？目前尚没有哪个人或哪个组织提出被大家都认可的标准。不过，一般认为，地质历史时期的某类生物，如果其中大部分物种都灭绝了，只有一两个物种残存到现在，那么这一两个残存物种有可能被视为活化石。现存的普通大熊猫是符合这一标准的。但严格说来，活化石一词用于现代物种还需具备四个条件：①其构造确实与某一化石种十分相似；②是古老的化石种，一般说来至少有1亿年的历史；③代表这一类的只有一两个现代物种；④这些物种的分布常常局限于一定地区之内。按照其中第二条来衡量，大熊猫就算不上活化石了。

由于活化石保留了亿万年前祖先的某些特征，通过对它的研究，人们可以得到许多关于古代生物的知识。同时，活化石的存在，说明生物界中各种生物进化的速率是很不相同的。有的物种只有几百万年的历史，有的物种却有数千万年甚至上亿年的历史。就目前所知，进化速率最慢的可能要算海豆芽了。活化石物种的寿命为什么比一般物种长呢？目前还缺乏深入研究的结果，但人们推测，这可能与它们的形态结构和生活习性比较一般化（即不特殊化）、对环境条件变化的适应能力强有关。

二十一、开花结果的被子植物

　　大家都很熟悉的梨、苹果、水稻、小麦等植物,生长发育到一定阶段,都要开花和结果,称之为显花植物,而之前我们认识的蕨类、种子蕨和银杏,它们不开花,也不结果,统称为隐花植物。花是显花植物的生殖器官。典型的花由花柄、花托、萼片、花冠(展开为花瓣)、雄蕊和雌蕊六个部分组成(图1-80)。

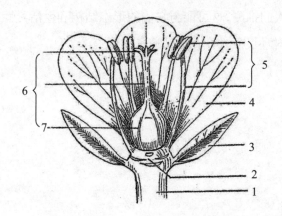

图1-80　花的结构图
1.花柄;2.花托;3.萼片;4.花瓣;5.雄蕊;6.雌蕊;7.子房

　　雌蕊的基部膨大为子房,胚珠包藏在子房内,受子房壁保护。当开花、传粉、卵细胞受精后,胚珠发育成种子,子房发育为果实。这样,种子就被包藏在果实内,受果皮保护。因此,又称显花植物为被子植物。被子植物生殖器官的这种完善结构,为它们能够适应各种环境提供了良好的内在条件。

现存的被子植物有近30万种,约占植物界各类群总种数的一半。在形态和构造、对环境的适应和分布方面,被子植物也是植物界各类群中最多种多样的。它们之中,有世界上最高大的乔木——王桉(可高达152米),也有小如沙粒的草本——无根萍(每平方米水面可容纳300万个个体);有一粒种子重达18千克的海椰子,也有轻如尘埃、1 236颗种子仅重1克的附生兰;有寿命长达7 179年的日本柳杉,也有寿命仅三个星期左右的荒漠生十字花科植物;有的水生,有的陆生,还有的专生于盐碱地以及干旱少雨的荒漠中,它们的分布范围,从海平面以下到海拔4 500米以上高度的陆地表面;生存地区的温度,可低至−45℃,也可高至+52℃。

根据种子中胚的子叶数目,被子植物可以分为双子叶植物(胚具两片子叶)和单子叶植物(胚具一顶生子叶)两个分类群。

关于被子植物最早出现在什么时间、起源于什么地方的哪一类植物、最早的花和果实是什么样的等问题,由于一直没有发现最早的被子植物化石,以致在学界众说纷纭,莫衷一是。1998年,古植物学家孙革和他的课题组在辽宁省北票市早白垩世义县组下部的地层中,发现了迄今所知最早的被子植物化石——辽宁古果(图1-81)。

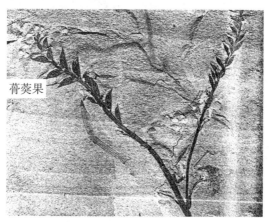

菁葵果

图1-81　辽宁古果(生殖枝)

古果是一类水生草本被子植物,其生殖枝上螺旋状着生数十枝菁葵果,由一个心皮(相当于一片大孢子叶)对折闭合而成,其内包藏着数粒种子(胚珠),柱头未完全分化;雄蕊大多成对着生,具单沟花粉;植物的营养体枝细弱,叶子细而深裂,根不发育,只具有几个简单的侧根。这些特征表明,古果属植物是比较原始的被子植物。在现生的被子植物中,梧桐、芍药、牡丹、八角茴香等的果实是与之相似的蓇葖果。继古果以后,又在同期地层中发现了具有真双子叶被子植物典型特征的十字中华果和李氏果。后者簇生的单叶呈深的三裂状,基部中脉为掌状脉,二级脉为羽状脉;扁平的花托顶生在伸长的花梗上,其上着生5枚狭长形的假合生心皮(果实)。上述形态特征与现生的毛茛科基本一致,为单子叶植物起源于毛茛类提供了化石证据。辽西发现的多种早期被子植物化石表明,到早白垩世中期,被子植物已发生适应辐射,不仅种类多,生存环境有水生、有陆生,分布范围也不小,因此,可以推测,被子植物起源的时间应该比这个时间更早。传统的观念认为,早期的被子植物基本上是乔木,到第三纪中期,被子植物从乔木发展到灌木和草本植物。可是,孙革等人在辽西早白垩世中期地层中发现的四种被子植物都是草本,既无乔木,也无灌木。这是什么原因,还有待研究。

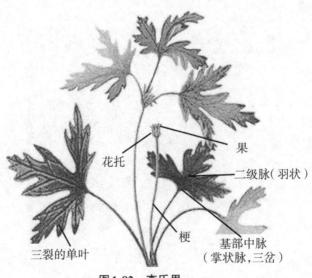

花托　　　果

二级脉(羽状)

三裂的单叶　　梗　　基部中脉
　　　　　　　　　(掌状脉,三岔)

图1-82　李氏果
(辽宁省凌源市,早白垩世)

根据植物化石和孢子花粉研究，被子植物在白垩纪早期出现以后，到白垩纪晚期才开始繁盛。在白垩纪和第三纪，被子植物基本上是乔木。到渐新世才出现大量的灌木和草本植物。由于吸食花蜜的昆虫随被子植物的发展而繁盛，花粉传播的媒介由风媒向虫媒扩展，促进了异花授粉与杂交。到第四纪，由于冰期和间冰期的转换，受寒冷气候的影响，多倍体植物大量出现。到全新世，人类活动的影响日益增强，由于人工选择和杂交育种，产生了不少优良品种。因此，在现今的植物界里，被子植物成为了种类最多，生存范围最大，与人类的生活关系最密切的植物。

107

第二部分

生命演化的规律

　　第一部分列述了地球历史中形形色色的生物，它们的演化——起源、发展和灭绝——是有规律的，第二部分将简述生命演化的三个规律，即由低级到高级，由简单到复杂的进步性演化；与地球演化同步的协同演化；突变与渐变相互交替的间断平衡式演化。

一、由低级到高级、由简单到复杂的进步性演化

地球上的生命是什么时候出现的？现在比较有证据的，是距今35亿年前。更往前，距今38亿年前，格陵兰岛的岩石中碳同位素的数据，被认为是生物活动的结果，所以也有人说生命在38亿年前已经出现。地球诞生于距今46亿年前，经过最初11亿年演变，到距今35亿年前，这是元素和化学演化阶段。这以后出现了生命，它经历了四个阶段：原核生物演化阶段（35亿～20亿年前）；真核生物演化阶段（20亿～6.3亿年前）；多细胞动物辐射演化阶段（6.3亿～5.1亿年前）；动植物躯体结构的多样化和复杂化阶段（5.1亿年以来）。

1. 元素和化学演化阶段（46亿～35亿年前）

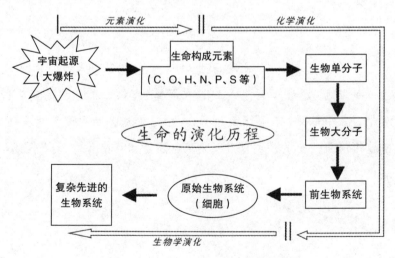

图 2-1　从元素和化学演化到生物学演化

图2-1显示的是从元素和化学演化到生物学演化的一个大的过程,可以看到,在距今150亿年前,也就是宇宙大爆炸以后,在很长一段时间里是元素的演化。其中的碳、氢、氧、氮、硫、磷等几种元素构成了生命的最重要的元素。此后又经历了很长的化学演化过程,两者合计约11亿年。

化学演化过程包括由元素演化为无机化合物和有机化合物。在生命构成元素中,碳元素特别重要,碳原子相互连接,构成链状或环状的碳骨架,再与氢、氧、氮、硫、磷等原子相连接,形成有机化合物或生物分子。后者又由生物单分子演进到生物大分子,这些构成生命的基本材料形成了前生物系统,但还没有形成能新陈代谢和繁殖的细胞,所以还不是生命。生物单分子由较简单的碳格架组成,如图2-2。

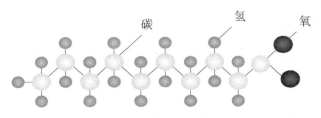

图2-2 生物单分子

生物大分子是由生物单分子聚合成的多聚体,如蛋白质、核酸、脂类和多糖。图2-3中,生物大分子是大家熟悉的DNA,即基因,又称脱氧核糖核酸,它由许多元素构成,包括碳、氢、氧,还有少量的磷和氮,具有双螺旋体结构。

图2-3 生物大分子(白球-C原子,灰小球-H原子,深灰小球-O原子 与其他生命元素组成有机分子,再进一步组成双螺旋结构的DNA)

2.原核生物演化阶段(35亿～20亿年前)

地质年代	距今(亿年)	演化阶段		生命之树(简化)
显生宙	5.4	生物学演化	动植物躯体结构多样化、复杂化阶段	
元古宙			动物辐射阶段	
	20		真核生物阶段	
	25		原核生物阶段	
太古宙	35			
	40	化学演化	元素与化学演化阶段	
冥古宙	46			

真核生物
动物
植物
真菌
叶绿体
线粒体
古菌
细菌

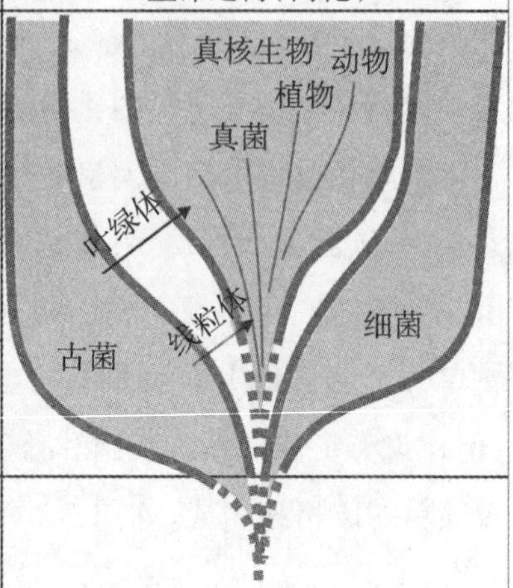

图2-4　生物的演化阶段

生命之树(图2-4)分三大枝——古菌、细菌和真核生物。在35亿～20亿年前首先出现了古菌和细菌二大类,古菌例如嗜盐菌和产甲烷菌。细菌例如蓝细菌和变形杆菌。这两类都属于原核生物。除了病毒以外,细胞是生命的基本组成单位,原核生物的细胞没有细胞核和由膜包被的细胞器,是最简单的生物,它们都是微生物(图2-5)。

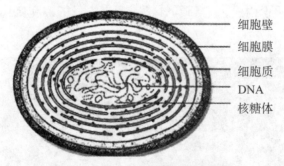

细胞壁
细胞膜
细胞质
DNA
核糖体

图2-5　原核生物举例——蓝细菌

生命最早出现的证据是在西澳大利亚的皮尔巴拉,那里分别在距今35亿年前和33亿～35亿年前的岩石中发现了由生物形成的叠层石和呈丝状和球状集合体的疑似微生物（图2-6），被认为是蓝细菌，还有35亿年前的与硫酸盐还原菌有关的硫同位素分馏现象。这说明原核生物已经出现。

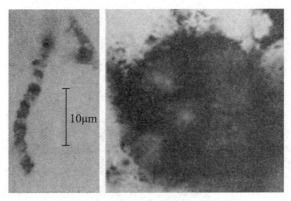

图2-6　距今33亿～35亿年的岩石中发现的疑似微生物
左:丝状体；右:球状集合体

最早的生命的另一类证据是非放射的稳定碳同位素，它分为有机碳和无机碳同位素。由有生命迹象构成的有机碳同位素，其分馏值与无机碳同位素的值差得很远，一般在-25‰，或还低于这个数。38亿年前，在格陵兰就已经出现了被认为可能是由生物成因造成的有机碳同位素分馏，也就是-25‰以下，有人认为这种碳同位素可能出现得还要早。也就是说，虽然有化石的生命现象在35亿年前出现，但碳同位素却显示在38亿年前可能就有了生命迹象。

这些地质年代是怎样算出来的呢？它们是按放射性同位素的半衰期算出来的。岩石中一些元素具有天然放射性的同位素，放射性同位素经过放射衰变，自然地放射出粒子（α）、电子（β）或电磁辐射量子（γ），成为同一元素的较稳定的同位素或另一元素的同位素。

放射性同位素的放射衰变速率恒定，因而其半衰期（母同位素放射衰变掉一半的时间）恒定。确定了现今岩石中母同位素（例如^{40}K）和衰变产生的子同位素（例如^{40}Ar）的原子数，就可以根据半衰期计算出岩石从形成时到现今的年龄。其公式为：

$$t = 1/\lambda \times \ln(1 + D/N)$$

113

t 衰变时间（即距今年龄）；λ 衰变常数；*D* 子同位素原子数；*N* 母同位素原子数。其中 λ 由半衰期（$T_{1/2}$）算出：

$$T_{1/2} = 1/\lambda \times \ln2 \cong 0.693/\lambda$$

原核生物演化阶段（从35亿～20亿年前）是以原核生物为主的演化阶段，大致相当于地质历史的太古宙及早元古代（图2-4）。图2-7显示在这个阶段的一些化石证据，都是在重要的杂志上发表的。

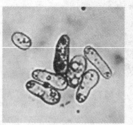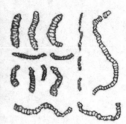

图2-7　左：原核生物演化阶段的代表；中：原核生物形成的叠层石
右：一些丝状和椭球状的原核化石

3.真核生物演化阶段（20亿～6.3亿年前）

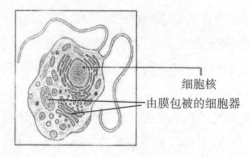

细胞核
由膜包被的细胞器

图2-8　真核生物

真核生物与原核生物不同，其细胞具有细胞核和由膜包被的细胞器，图2-8为真核生物细胞，箭头所指为细胞核，左下肾形细胞器为叶绿体。在图2-4的生命之树上，中间是一个大分支——真核生物，包括原生生物、动物、植物和真菌等比较高级的生物。现在所有高等生物都是由真核生物演变过来的。

最早确认的真核生物在21亿年前，也有报道在27亿年前的，但有争议。大致可以说，在生命出现后，经历了15亿年演变，到20亿年前，也就是元古宙时,才出现了真核生物。到5.4亿年前,也就是显生宙时期,这个分支有很大增长,成为生物界的主流。

原核生物怎么变成真核生物呢?现在的看法认为,其中有个基因水平转移过程。人类父母生子女是基因垂直转移,父母的基因向下一代遗传,而真核生物在形成的过程中,是将原核生物的遗传物质转移到自己体内,把它们的遗传物质——基因经过长期的体内共生变为自己的细胞器(如线粒体和叶绿体)。这个内共生作用过程是基因水平方向的转移,不是上一代传给下一代。一部分原核生物在长期演化中,其DNA相对集中的核区逐渐形成有核膜、核仁和核质的细胞核,同时其他原核生物被它吞噬掉,通过内共生成为它的身体的一部分,如图2-4中斜箭头所示,这样有了核和细胞器,就成了真核生物。

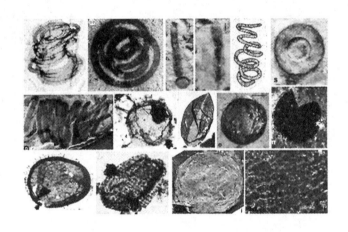

图2-9　18.5亿～15亿年前的真核生物

真核生物这一大分支在元古宙时代有很多发展,图2-9是大致在元古宙时发现的真核生物,在10亿～12亿年前又生成很多新东西,这是构成现代生物界主体的大分支。在20亿～6.3亿年前这个阶段,主要还是以单细胞真核生物为主,但它们比原核生物个体大,样式多样,不少种类呈全球分布。高级真核生物都是多细胞的,主要是6.3亿年后出现的,如现在常见的宏观的动物、植物以及人类。

4.多细胞动物辐射演化阶段(6.35亿～5.1亿年前)

8.5亿～6.35亿年左右称为雪球地球时代,是地球全部被冰雪覆盖,但间有融冰时期的很特殊的阶段。到6.35亿年前后气候转暖,冰雪大量融化,同时地球上氧气也已积累到一定程度,导致真核生物迅速繁殖,并且以多细胞动物为主。从6.35亿～5.1亿年前这一时期发生了一系列生物演化事件,在生物机体结构、生活方式和生存空间各方面迅速演变,即辐射演化。其时间虽短,但变革深刻巨大,所以独立为一个阶段,就是多细胞动物(或后生动物)辐射演化阶段(图2-10)。

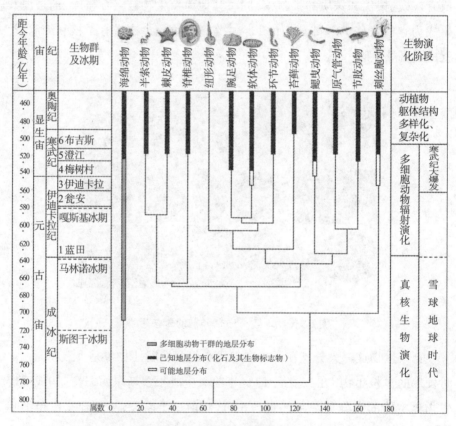

图2-10　多细胞动物辐射演化阶段
生物群栏中1～6代表本阶段6个以生物群为代表的小突变

后生动物是除原生生物以外所有多细胞动物的总称。其辐射演化从

6.35亿～5.1亿年前，历时1亿多年。地球形成的40亿年中，这个演化阶段时间短，变革大，是一个突变。它的前半段（6.35亿～5.41亿年前）属于元古宙的末期（伊迪卡拉纪），后半段（5.41亿～5.1亿年前）属于显生宙第一个纪（寒武纪），所以在地球历史上，它是从隐生宙（包括冥古宙、太古宙和元古宙）到显生宙的过渡时期。经过进一步研究，这个突变又可分为生物群栏中六个（1～6）以生物群为代表的小突变，正像历史上一些大的突变事件中，又有许多小突变事件一样。六个是按现有材料说的，以后还会有变动。地球的变化包括无机界的变化和有机界的变化，其中有机界即生物界的变化远较无机界迅速而明显，所以无论从地球历史大阶段，例如宙的划分，还是在一个阶段内次级划分，多以生物界的演变为其标志。

图2-10中显示了从蓝田到布吉斯6个生物群，各自代表一次小突变事件，其中有四个是以研究最早、最好的中国产地命名的，即蓝田（安徽）、瓮安（贵州）、梅树村（云南）和澄江（云南）生物群。所以贵州和云南是位于中国的世界古生物宝库，其他两个以国外产地命名，但在中国也有同时代的代表。图中伊迪卡拉生物群在元古宙的最后时期，梅树村生物群在显生宙或寒武纪的第一个时期，在这两个宙的交接期发生了生物从软躯体为主到有硬壳的突变。有了硬壳，容易保存化石，生物的存在就显著化了，所以开始了显生宙。

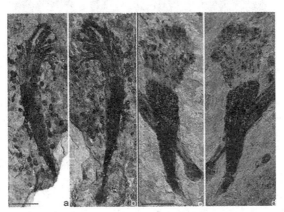

图2-11 **第一个多细胞后生生物群——蓝田生物群（6.3亿年前）**

第一个多细胞后生生物群以宏观藻类为主——蓝田生物群(距今6.3亿年)(图2-11),出现了许多宏体的多细胞藻类——后生植物,还有一些疑似多细胞动物。但是最近在神农架地区发现了一批更早的,相当于马林诺冰期(距今6.54亿～6.35亿年)的宏观藻类,所以宏观藻类出现时间应当更早。

到5.8亿年前出现第二个多细胞后生生物群,这次以动物为主。在贵州瓮安的这个动物群特点是什么呢?就是主要胚胎化石,胚胎细胞经过多次分裂,就出现如图2-12中所显示的球状胚胎,在显微镜下看是由4、8、16个以至更多分裂细胞所组成,均小于1毫米。这属于有性繁殖,是后生动物的特征。5.8亿年前出现时,它们大量成层出现,现在已发现更早的胚胎化石是在6.3亿年前左右。但根据推论,在7亿年前间冰期,冰雪消融,就有了有性生殖,能形成胚胎。不过也有人认为那不仅是胚胎,有的只是一类分类地位不明的生物——疑源类。疑源类在6.35亿～5.8亿年前这段时期,是最繁盛的生物。此外还有长成的个体,如小春虫,只有1毫米大,是具有体腔的两侧对称动物。

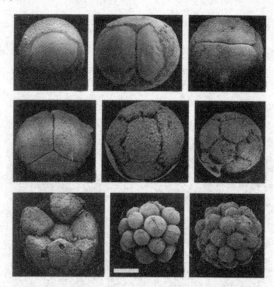

图2-12 5.8亿年瓮安动物群——动物胚胎

第三次小突变是5.60亿～5.43亿年前的伊迪卡拉生物群(命名于澳大

利亚），这个生物群的特点是多样化的软躯体动物，从图2-13中可看出，这些软躯体都是只留印痕在岩石上。由于保存得好，软的躯体都保存下来了，大的躯体直径有1米多，也有很小的，但是都没有外骨骼。在中国亦有与伊迪卡拉生物群相当的代表，如西陵峡生物群（湖北三峡），较早一些还有庙河生物群（湖北三峡）和瓮会生物群（贵州）。

图2-13　伊迪卡拉生物群（5.60亿～5.43亿年前）

后生动物经历了只有软躯体→外骨骼→内骨骼的演化。生物形成的骨骼首先是外骨骼；有了外骨骼以后，经过很久历史时间，生物才演化出内骨骼。为什么一开始没有外骨骼呢？外骨骼也是一把双刃剑，在海洋中氧气还不多的情况下，没有外骨骼，它整个身体表面都可以进行呼吸，吸进氧气，呼出二氧化碳。氧气少时有外骨骼对身体并不好，如果用外骨骼（外壳）把软躯体包起来，就必须先演化出一种呼吸器官来代替全躯体表面呼吸的功能，这种呼吸器官的表面积或呼吸功能相当于整个身体的呼吸功能，当时生物结构和环境氧含量还不具备条件，这是生物演化下一阶段的任务。

到第四个突变期，即距今5.4亿年前（陕西高家山）后（云南梅树村），出现了外壳，图2-14是云南梅树村发掘出的小壳动物群。这些化石是小壳动物群的外骨骼，即壳，一般很小，只有1～3毫米。因为体积越大，呼吸时能交换氧气的身体比例越小；反之面积越大，交换的效率越高，所以一开始不可能产生大的外壳，都很小。

图2-14　梅树村小壳动物群（5.4亿～5.3亿年）

动物有了外壳，其缺点是身体与外界进行呼吸代谢的表面积减少了，迫使它的内部产生一些复杂的组织，如鳃、肺等，将呼吸组织专门化，而不是用表皮，虽然实际上皮肤还是有少量的呼吸作用的。动物有了外壳，其优点是多了一层保护功能，相对于软躯体动物时代，这一时期生物复杂化了，出现了吃软躯体的生物；因为软躯体生物有被吃的危险，就要有防卫，要防卫，就要有躯壳或骨骼，将躯体缩到里面去，这反映了当时的动物生态已经复杂和进步了。

又经历了1 000万年左右，出现第五个生物群，这是最明显的一次突变。现存后生动物的38个门中，有20个在寒武纪早期，大约从5.41亿～5.21亿年这个短暂时期内出现，另外还加上已经灭绝的6个动物门，这样一个生物多样性的快速增加，伴随着形态和生态类型的快速扩张（如个体增大、形态复杂化、骨骼化、生活方式多样化等），被认为是寒武纪大爆发（或大辐射）的主幕。有人把第三到第五的三个生物群称为寒武纪大爆发的三幕。代表寒武纪大爆发主幕的生物群是云南澄江动物群（图2-15），这一时期出现了一系列的有骨骼和无骨骼的多样化生物群，并出现了最早的脊椎动物，其中包括海口鱼、昆明鱼，它们是鱼的祖先，属于广义的鱼类。鱼类、两栖类、爬行类、哺乳类、鸟类等，这些都是脊椎动物。脊椎动物的最高层次是人。图2-15的右上方是澄江动物群中发现的最早的鱼类。有一位外国学者，将生命产生以后的历史分为39段，或者说，从生命最初起源到人类出现有39步，其中最关键的是第20步，这一步正好是寒武纪大爆发产生最早的鱼的阶段。

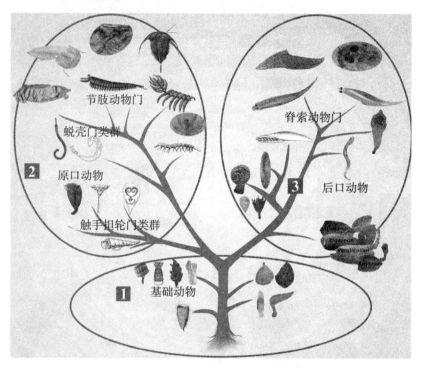

图2-15 澄江动物群（5.3亿年前）——寒武纪大爆发主幕，树上每一分支代表一个动物门，图的最右上角是最早鱼类头部放大图，显示有眼

大爆发的余波发生在5.1亿年前后，图2-16为在加拿大的布吉斯页岩动物群，这也是6次突变中最后的一次，其中发现了140种具壳的或软躯体的动物，以节肢动物为主。中国的与之大致相当的代表是贵州的凯里动物群。

以上说明在距今约6亿年时的前后1亿年间，即从6.3亿～5.1亿年前，有6次明显的小突变，期间包含了隐生宙新元古代到显生宙寒武纪的分界（5.41亿年），"显生"表示生物在5.4亿年以后明显地显示出来了。

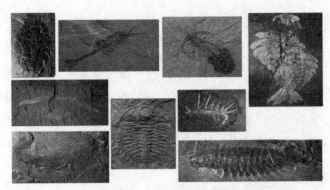

图2-16　布吉斯页岩动物群

5.动植物躯体结构的多样化、复杂化阶段（显生宙5.1亿年以来）

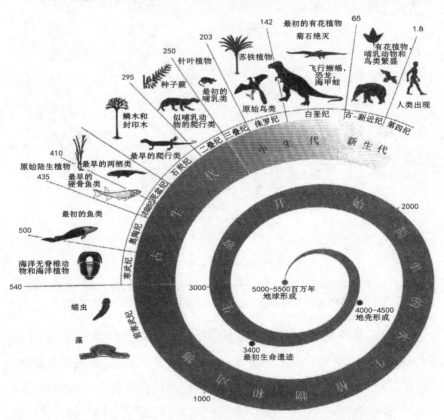

图2-17　显生宙以来动植物躯体结构的多样化、复杂化阶段

图2-17显示了显生宙以来动物（内圈）和植物（外圈）的多样化、复杂化

过程。从显生宙（5.41亿年以来）开始，动植物的基本门类单元就大部分出现了。如前所述，元古宙末植物已开始由单细胞发展到宏观藻类，最早的低等植物——地衣，大概在6亿年前登上陆地，高等植物（维管植物）过了1亿多年，在志留纪才登陆（图中的原始陆生植物）。就复杂化过程说，从菌藻类演化到高等植物，其中首先是蕨类（由图中的原始陆生植物到鳞木和封印木），后来是种子植物中的裸子植物（种子蕨到苏铁植物），最后是种子植物中的被子植物（有花植物），参看第一部分的十六至二十一节。

最早的动物都是水生的，寒武纪大爆发产生了最高的动物大类——脊椎动物，其早期代表——鱼类——亦是水生的。又过了约1亿多年，到4.1亿年前，脊椎动物也登陆了，生物脱离了水以后，新的环境促使它产生新的进化。脊椎动物最早登陆的是肉鳍鱼类（第一部分第十节），继以两栖纲、爬行纲、哺乳纲、鸟纲，都主要是陆地动物。与脊椎动物演化相伴，多数无脊椎动物门类亦经历了复杂化、多样化过程。

值得大书特书的是人类的出现，人类出现距今500万～700万年，已是很晚了。作为一个比喻：如果将整个生命出现的时间看作一年365天，那么人类出现的时间相当除夕晚上8点钟，也就是最后4小时；而现代人的出现才4万多年，相当除夕午夜钟声敲响前的1分钟。

按达尔文学说，人和猴有共同的祖先，500到700万年前，分成两支，一支的后代是猴，另一支演化为人，当中经过了多个物种，如南方古猿（南猿）、能人、直立人、智人（化石智人）等，直到现代人，见图2-18及第一部分第十五节。

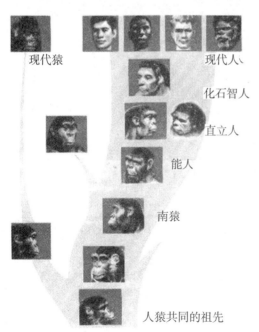

图2-18　人类的演化

二、与地球演化同步的协同演化

　　地球是有生物圈的特殊星球。如上所述，生命历史（35亿年）占地球历史（46亿年）的3/4，地球的历史是生命与地球长期相互作用、协同进化的历史。当今地球适合生物圈存在的这一特殊状态，是这种相互协同进化的结果，并且靠生物圈与其他圈层的相互作用来维持和调控。为什么太阳系中只有地球是彩色的？因为地球是有大量液态水和生物圈的特殊星球。现在地球上有蓝天、有海洋，有冬、有夏，温度适合人类居住。这种宜居性既是由于地球在宇宙中的特殊位置所造成，也有生命演化过程的反馈作用，是地球和生物相互影响、协同演化的结果。

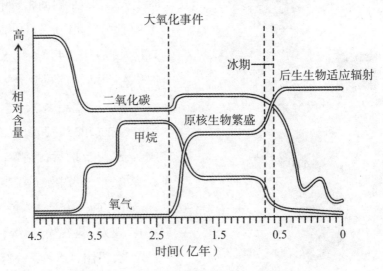

图2-19　地球历史中的大气变化与生物演化

1.大气、海洋与生物的协同演化

生命与地球是如何协同演化的呢？我们先举地球大气为例。图2-19显示了地球大气圈中二氧化碳,甲烷和氧气的变化过程,横坐标是时间,单位是10亿年,纵坐标是这三种气体在大气中的相对含量。地球刚形成时(图左端4.5个10亿年时)氧气等于零,大气中充满了CO_2。现在地球大气中的氧气几乎完全是由生物进行光合作用而产生的。因生命的存在,使大气中的成分有了几次很大的变化。图中有两次明显的阶段性跃变,一次在23亿年前后,另一次在生物大爆发的7亿～5亿年前后,每次都是甲烷急剧下降,并伴有二氧化碳下降,氧气急剧上升。从图2-19还可看出,两次跃变都与生命演化有关系,23亿年前,地球上的氧气很少,而二氧化碳和甲烷却很多。由于原始的光合制氧生物繁盛,以23亿年为界,氧气很快增加,甲烷明显减少。图2-7中图是原始的光合制氧生物——蓝细菌形成的叠层石。到7亿～5亿年前后,后生生物适应辐射,氧气又一次增加,二氧化碳和甲烷进一步减少。这两次的变化主要是靠生物界的作用,也就是蓝细菌和植物等生物的光合作用。

图2-20是太古宙到现在大气和生命的协同演化示意图。23亿年以前,没有氧气,称为无氧大气,那时只有原核生物能存在。由无氧大气变化到有氧大气,靠的是其中的一种光合自养生物——蓝细菌,它们大量吸收二氧化碳,制造出了氧气。有光合自养生物才使大气和海洋有游离氧。早期的真核生物通过原始吞噬细胞把一些制氧的原核细胞变成自己的内共生体,进一步产氧。在富氧大气中,氧气占大气的比例由百分之几逐渐升至21%。富氧大气又为原始真核生物演化为动植物并使之繁盛提供了条件。这就是地球与生命的相互作用和协同演化。

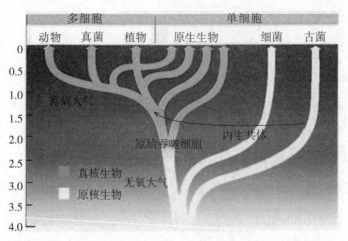

图2-20　太古宙（40亿～25亿年）到现在大气和生命的协同演化

海洋也是如此，原来在太古宙是富Fe^{2+}的还原性海洋，大氧化事件后（24亿～18.5亿年）海洋表层有了氧。来到元古宙中晚期（18.5亿～7.5亿年），由硫酸盐还原菌作用造成了含硫化氢的海洋。这种海洋不利于需氧的真核生物生存，致使长达十亿年的中元古宙一直被原核生物所统治。7.5亿年前后，因光合生物的作用，发生前述的第二次大气成氧事件，这种情况才发生改革。到显生宙后，海洋深层到表面都充氧，因为现在海洋中有了能生成氧气的生物。总之，生物和海洋也是相互作用的，见图2-21。

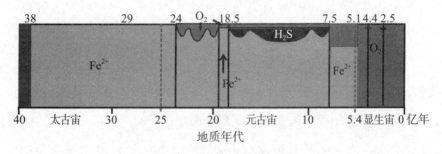

图2-21　太古宙到现在海洋的变化

2.岩石、土壤与生物的协同演化

大气和海洋是这样，那么地球的固体部分呢？固体的岩石和土壤是陆地生物和海洋底栖生物的栖息地，这些生物的种类、形态和生活方式受这部分固体地球的控制,这是显而易见的。但是很少为人所知的是,生物亦反过来影响岩石和土壤。岩石和土壤都是由矿物组成的,在地球刚形成的时候,只有60~250种矿物,由它们组成了最早的岩石。在壳幔改造阶段,岩浆活动以及水圈形成后增加了一大批矿物,种数达到1 500种。从太古宙开始,进入生物介导的矿物形成阶段。大氧化事件后,由于生物的作用,大气和海洋的氧含量逐渐增加,出现了一大批氧化物、碳酸盐、硫酸盐等含氧矿物,矿物种数超过了4 000(表2-1)。可见生物对矿物和岩石的演变影响甚大。土壤是岩石(母质层)与水、大气和生物圈的相互作用(主要是风化作用)而形成的,土壤层有别于母质层,它是由矿物和有机物的混合组成的。可见土壤离不开生物及其衍生的有机物,严格地说,没有生物及其有机物的风化物,例如在月球上,只能叫粉尘,而不是土壤。

表2-1　地球历史时期生物圈作用下矿物种数的变化

阶段	亚阶段	年龄(亿年)	矿物种数
	前星云原始矿物	>46	12
行星增生阶段	1.原始球粒矿物	>45.6	60
	2.非球粒与小星体交代	>45.6~45.5	250
壳幔改造阶段	3.岩浆岩演化	45.5~40	350~500
	4.花岗岩、伟晶岩形成	40~35	1 000
	5.板块构造	>30	1 500
生物介导阶段	6.厌氧生物世界	39~25	1 500
	7.大氧化事件	25~19	>4 000
	8.过渡性海洋(图2-21中图)	19~10	>4 000
	9.雪球地球	10~5.42	>4 000
	10.显生宙生物矿化作用	5.42至今	4 400+

3.微生物对地球环境的影响

谈到生物对地球环境的影响,人们常常联想到狮子、老虎、鲸鱼这些庞然大物。其实对地球环境施加重大影响的,恰恰是各类微生物功能群,它们能够影响一些重要元素的全球循环,这些生物地球化学循环对地球环境产生重大作用。其中,影响碳、氧、硫、氮、铁的五类微生物功能群尤其重要。

与碳循环有关的微生物功能群不仅影响海洋环境,更重要的是影响大气环境。当代全球变化的重要标志——气候变暖——是由于碳循环出了问题(CO_2增加了)。在地球历史的许多时期,出现过碳循环的异常,其地质学标志是稳定碳同位素显著负偏,如果有强温室气体甲烷(CH_4)大量释放到大气和海洋,这种负偏可达到 - 25‰以下。研究表明,这些时期微生物功能群单独作用或与其他生物协同作用,使地质环境发生了变化。产甲烷的地质微生物作用是导致甲烷产生和释放的重要因素,这又和高温事件之间存在内在的成因联系。

光合作用微生物功能群和植物的作用是产生氧气,这是地球由早期的无氧状态演化到富氧状况的原因,也是后生生物能够出现的前提条件,所以它们是改变地球环境的最重要的动力之一。

第三类微生物与硫循环有关。现代黑海是一个缺氧硫化海洋,不适于海洋底栖生物生存。地质历史上有许多时期出现了硫化海洋,其范围比黑海大得多,例如1亿年左右的白垩纪就有过数次大洋缺氧时期。其典型的微生物功能群有硫酸盐还原微生物、H_2S的厌氧氧化细菌和硫化物的好氧氧化细菌。其中,硫酸盐还原细菌/古菌产生的大量H_2S,是形成硫化海洋的前提。

代谢氮的微生物功能群主要影响地质环境的营养条件。在一些地质时期,海洋缺氧使海水出现寡营养,水体硝酸根缺乏,固氮蓝细菌通过固定大气N_2为生物提供了可利用的氮,从而直接影响海洋的初级生产力。

铁是生物所必需的营养元素,大洋中铁元素的供应可决定其生物的盛衰。在地质时期微生物曾对铁循环有重要影响,36亿～18亿年前广布于全球的前寒武纪的条带状铁建造,就是不产氧光合铁氧化菌在厌氧水体中使海水中丰富的Fe^{2+}被大规模氧化成Fe^{3+}而形成的。

综上所述,可见不仅是岩土、大气、海洋孕育了生命,生命也反过来对岩土、大气和海洋有重大影响。地球与生命是相互作用的,并在长期相互作用中协同演化。图2-22显示了地球环境与生命过程的协同演化关系。生命不是仅仅被动地适应环境,它还通过生物过程强烈地作用于地球环境。它们之间是协同演化的关系。环境与生命长期相互作用,协同演化,形成攀登地球历史的长梯。研究地球环境和生命相互作用和协同演化的科学,叫做地球生物学。

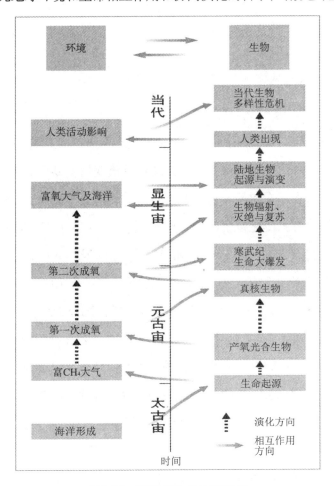

图2-22 环境与生命协同演化

地球孕育了生命,生命创造了绿色的地球。在太阳系中,唯地球呈多彩,就是因为有生命,它的温度、土壤、大气、海洋都是因有生命而得以调节的。如果没有生物圈的调控,地球表层就会恢复到月球或火星的状态:缺氧的大气,没有液态水圈以及裸露无生命的岩石和粉尘。

三、突变与渐变相互交替的间断平衡式演化

　　生物演化有渐变,亦有突变。历来对它们两者的关系有两种观点。图 2-23 是生命之树,其横坐标是变化幅度(性状演变量),纵坐标是时间,因此图中纵向线条表示在时间流逝中基本不变化的静止平衡状态,横向线条表示在短时间中有大变化幅度的突变状态,斜的线条表示随着时间流逝逐渐变化的渐变状态,分叉点是产生新的物种。在图 2-23-A 中,生命之树全是由斜线构成,每个生物支上都是渐变的,这是传统进化论的观点。

　　在图 2-23-B 中,生命之树的树枝大部是横向加纵向的支,在一个支上很长时间没有变化,向上延伸,而在某一个时期,很短时间突然向横向分枝出去,形成大的性状演变,即形成新种。由纵向枝分岔出横向枝,这就是突变(起源),每一枝的终结是另一种突变(灭绝),整个树上有许多突变,这就是间断平衡论的观点。间断平衡论认为:平衡是长期的,生物(地球亦是)在长时间中相对地保持着静止或渐变的状态;突变是短期的显著性状演变。短期突变与相对静止的渐变,平衡期相交替,就构成生命演化史的总貌,整个生命的历史就是短期的辐射(突变)到长期的渐变,再到短期的绝灭(突变)的反复交替过程。

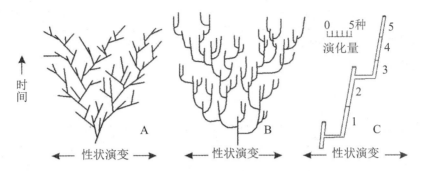

图2-23 间断平衡论观点与传统观点的比较

在生物演化中符合A、B两种观点的情况都存在,如果宏观地看生命的总体演化(表2-2),则生命演化由低级到高级,由简单到复杂并不是渐进地进行的,它的过程充满了突变(起源、辐射和灭绝)。所以生命长河是由多个突变和渐变组成的,而且突变构成演化量的主体。图C是将图B的一个分枝取出放大来看,例如图C中的枝1和枝2很长时间处于平衡或渐变的状态,转弯处为突变点,然后又进入一个新的平衡或渐变状态,图C中有几个突变的转弯或分叉点。整个演变过程为间断(突变)——平衡(渐变)——间断——平衡的反复过程,生命和地球的发展都是这样的演变。演化量(横坐标的性状演变量)主要由横向分枝,即突变构成。

地球历史上的突变——起源、大辐射和大灭绝——可用表2-2说明,表中显示了阶段性演化、渐变和突变(起源、大辐射或爆发、大灭绝)的交替,这是生物演化的规律。也说明突变是演化的主体,它们构成了演化的框架或历史的基本阶段划分。

表2-2 显生宙动植物的起源、大辐射和大灭绝

代	纪	年龄 (百万年)	起　源	大辐射	大灭绝
新 生 代	第四纪 Q	2.6			
	新近纪 Ng	23	人类		
	古近纪 Pg	66			

续表

代	纪	年龄 （百万年）	起 源		大辐射	大灭绝
中生代	白垩纪 K	145		被子植物		白垩纪末
	侏罗纪 J	201	鸟类			
	三叠纪 T	252	哺乳动物、恐龙		中三叠世	三叠纪末
晚中生代	二叠纪 P	299				二叠纪至三叠纪之交
	石炭纪 C	359	爬行动物			
	泥盆纪 D	419	两栖动物 软骨鱼类	裸子植物		晚泥盆世
早中生代	志留纪 S	443	硬骨鱼类	陆地植物		
	奥陶纪 O	485		苔藓植物	早、中奥陶世	奥陶纪末
	寒武纪 Cam	541	鱼类		寒武纪大爆发	
元古宙	伊迪卡拉纪 Ed			地衣 （真菌＋藻类）		

　　既然演化主要由突变所构成，下文就着重叙述突变。突变有三种形式，起源、大辐射（或爆发）和大灭绝。

　　1. 第一种突变——起源：

图2-24　最早的脊椎动物——海口鱼化石

（1）脊椎动物的起源。寒武纪澄江生物群中的海口鱼和昆明鱼提供了最早脊椎动物的化石记录（图1-26-B，图2-24）。以梦幻鬼鱼为代表的志留纪潇湘脊椎动物组合代表有颌类的早期分化和硬骨鱼类起源。早泥盆世出现了最早的软骨鱼类化石，晚泥盆世真掌鳍鱼和鱼石螈则见证了鱼类和两栖动物登陆过程。冀北辽西的热河生物群在鸟类起源、早期鸟类的辐射和哺乳类的早期进化等方面均具有重要意义。

（2）陆地植物的起源。在陆地植物方面，5.51亿～6.35亿年前出现了最早的地衣（真菌与藻类的共生体）化石，5.2亿年前出现两栖陆生植物，4.8亿年前开始建立稳定陆地生态系统，4.6亿年前出现苔藓和似苔藓的隐孢子，4.3亿年前植物成功登陆，3.85亿年前出现以种子繁殖后代的植物，3.25亿年前出现陆生维管植物的早期代表 *Cooksonia*。被子植物起源于白垩纪早期。在新生代，大气中 CO_2 浓度的降低和气候变冷所导致的干旱化促使其中的 C_3 植物衰退，C_4 植物起源，并迅速成为主导的生态系统。

2.第二种突变——大辐射：显生宙以来，生物曾经历了三次大的辐射演化。

（1）第一次是前文所述的多细胞动物辐射演化（6.35亿～5.1亿年前）。新元古代末发生了雪球地球、第二次大氧化、局部硫化海洋等一系列环境事件。冰期结束后的"盖帽碳酸盐岩"，在华南是"甲烷渗漏"形成的冷泉型碳酸盐岩。包括甲烷释放在内的多种因素导致了异常的碳循环及气候的迅速变暖。与此同时，发生了从真核多细胞生物的辐射到生物矿化等系列生命事件：多细胞动物在雪球地球前已有所报道（海绵动物），雪球地球后，6.3亿年前的蓝田生物群呈现了疑似的多细胞动物，5.8亿年前出现以胚胎化石为特征的瓮安生物群，5.5亿年前栖息以宏体软躯体为特征的埃迪卡拉生物群，5.4亿年前以骨骼化为特征的梅树村动物群辐射可能是原始生物矿化事件，5.25亿年前以澄江动物群为代表的寒武纪生命大爆发的主幕，形成寒武纪演化生物群，构建了现代最基本的生物多样性框架，至5.10亿年前发生尾幕——布吉斯动物群（图2-11～2-16）。这第一次辐射演化是地球历史上

133

最大规模的多幕式生物辐射事件。

在这多幕式辐射中，最引人注目的是寒武纪大爆发（图2-15）。寒武纪大爆发从何时算起？在前文中已叙述了后生生物辐射演化的第三至第五三个生物群，即伊迪卡拉动物群、梅树村小壳动物群和澄江动物群。除了本文所提第五个即澄江动物群代表寒武纪大爆发外，也有人认为寒武纪大爆发也包括第四个即梅树村动物群，前者为序幕，后者为主幕；还有人认为包括了这三个生物群分别代表了基干两侧对称动物、原口动物（口是由胚孔形成的）、后口动物（口是后来形成的）这三个演化阶段，时间上从伊迪卡拉纪末期延续到寒武纪早期（5.5亿～5.1亿年前）。这三幕的内容在本章第一节多细胞动物辐射演化阶段已经介绍了。从图2-10和图2-15可见，大部分动物的门在这一短时期中出现，尤其在相当于寒武系第三阶的澄江动物群层位，新出现了14个动物门。动物从基干两侧对称动物、原口动物到后口动物的几乎所有门一级单位，此时都已出现，以致在寒武纪大爆发以后，动物界只形成一个新的门一级分类（苔藓动物门）。

寒武纪大爆发不仅是动物分类和形态的辐射，而且是生态类型的辐射。从图2-25可见，当时的海洋动物已占领了从浅水到深海、从底栖到游泳、从滤食到捕食的多种生态领域和生活方式。

图2-25　寒武纪爆发式辐射的无脊椎动物占领了多种生态领域

寒武纪大爆发还在短期内实现了从早期的基础性的多细胞动物到最高级动物的飞跃。图2-26为早期后口动物（后生动物的一支）谱系演化图，由具鳃裂的古虫动物发展为脊索动物（长江海鞘、华夏鳗）。最后出现最早的脊椎动物——动物中最高级的一类——海口鱼化石（图2-24）。

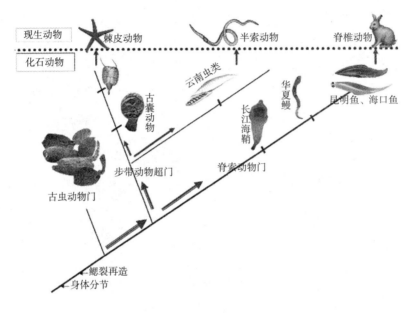

图2-26　早期后口动物谱系演化图

（2）第二次，奥陶纪生物大辐射（图2-27），是继寒武纪生命大爆发后，海洋生命过程中一次大辐射事件，历经约4 000万年，构建了历时逾2亿年的古生代演化动物群，在奥陶纪—二叠纪期间，成为海洋生态系的优势动物群。

这次生物大辐射的规模和形式在不同的板块、生态类型、门类与分类群间存在很大的差异。华南奥陶纪大辐射始于早奥陶世晚期，早于世界其他地区（中奥陶世）。华南从晚寒武世到奥陶纪初，属和目的多样性猛增，从上寒武统最后一阶的59属、32科到奥陶系第一阶的266属、83科。而真正的辐射还在中奥陶世。经过这次辐射，海洋生物分类多样性达到寒武纪结束时的7

倍多,但门类增加不多,苔藓动物门是唯一新生门级单元,并首现于华南。绝大多数寒武纪动物群都生活在浅海,而奥陶纪大辐射后,海洋生物占领了从沿岸到深海的生态领域,并扩展到不同温度——纬度的生物地理区。腕足类辐射先在浅海区发生,后占领较深水环境。三叶虫辐射始于中奥陶世早期,后向深水钙泥质底域拓展。笔石、腕足类和三叶虫有别,在辐射中起主导作用的双笔石类源自深水域。晚奥陶世(除末期外)气候变暖,全球海侵,多种沉积相(含生物礁)发育,物种多样性猛增,达到华南奥陶纪辐射的最高峰。

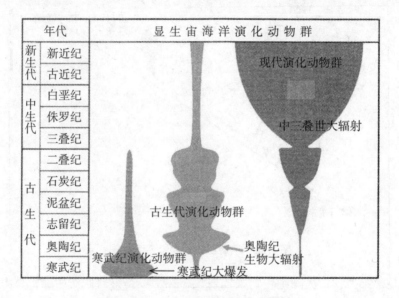

图 2-27　显生宙三次大的辐射演化

(3)第三次辐射:二叠纪末大灭绝后,经历早三叠世的复苏,于中三叠世早期引来显生宙的第三次大辐射(图2-27)——以双壳类和腹足类等为特点的"现代演化动物群"的辐射(图2-28)。该期海洋生物科、属总数比前一时期分别递增4～5倍,达三叠纪的最高值,其中最引人注目的是一系列大型海生爬行动物的繁盛。在华南,它们最早出现于早三叠世晚期(安徽巢湖、湖北南漳),从中三叠世早期至晚三叠世早期臻于极盛,在云南罗平至贵州盘具、兴义、关岭大量产出,由此建立了一系列国家地质公园。

不同类群复苏和辐射的始现时间和形式不同,菊石、底栖有孔虫、钙藻复苏期较短,约100万年,有的在早三叠世晚期已开始辐射。多数门类到中三叠世早期才先后辐射,复苏期长达500万年,是各次大灭绝中最长的。其主要原因是,许多生态系统在二叠纪—三叠纪之交大灭绝中完全灭绝,作为所有生态系统基础的一些重要微生物功能群受到重创。很大程度上由于缺乏生物对环境的调节功能,早三叠世长期保持类似前寒武纪的沉积环境。生态系的恢复长期受阻,故复苏期延长。

图2-28 中三叠世辐射后的海洋生态复原图
水底两侧主要是双壳类和腹足类,中间偏左是海百合(呈花形)和钙藻(草状),
水体下部浮游的是菊石,中上部是各种海生爬行动物

3. 第三种突变——大灭绝

历史上任何时期都有一些物种灭绝,使总的平均灭绝率维持在一个低水平(5%左右)上,通常每百万年0.1~1个种,依门类而不同,这叫背景值灭绝。与之相对应,在一些地质时期,有许多门类生物近乎同时灭绝,使生物灭绝率突然升高,这叫大灭绝,或译为类群灭绝、群集灭绝。大灭绝的标准,一是全球性,二是科级灭绝率>20%,或种级灭绝率>70%。

显生宙以来,地球历史上有五次大灭绝,即:

①奥陶纪末；

②晚泥盆世法门期—法拉期之交；

③古生代—中生代之交或二叠纪—三叠纪之交；

④三叠纪末；

⑤中生代—新生代之交或白垩纪末。

这五次大灭绝时间如图2-29中箭头所示，都是生物多样性突然下降的时期（图中表现为科数下降）。

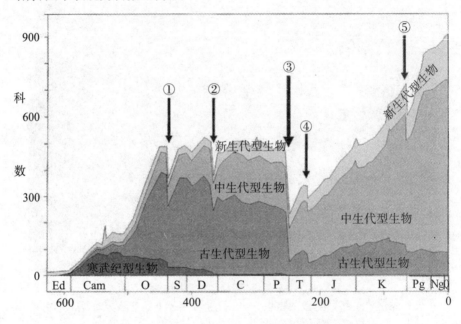

图2-29　五次大灭绝（箭头所示，各纪符号见表2-2）

最有名的是2.5亿年前古生代—中生代之交的灭绝，是地史上最重大的灭绝。生物科数减少52%，种数减少90%以上，生物多样性经过近1 000万年才得以恢复。

其次是6 500万年前中生代—新生代之交的灭绝，属数减少达52%，种数减少70%。其中最引人注目的是恐龙类的全部灭绝。这两次灭绝一直备受世人关注。

（1）古、中生代之交的大灭绝

图2-30显示了全球二叠系—三叠系界线的层型，它是我国浙江长兴煤山的D剖面，此剖面已被国际地科联（2001）确立为古生代—中生代界线或二叠系—三叠系界线（PTB），为全球唯一的标准，又叫金钉子。在这条界线下，古生代生物发生了如上文所述的大灭绝，标志着古生代的结束；从界线开始出现中生代生物，标志着中生代的开始。

图2-30　全球二叠系—三叠系界线层型

古、中生代之交，亦即二叠纪末至三叠纪最初期，全球发生显生宙最大的生物大灭绝事件（图2-31）。在华南，95%的种、近90%的属、75%的科、一半以上的目灭绝或消失。二叠纪末大灭绝使"古生代演化动物群"元气大伤，三叠纪初的目、科、属数均跌入低谷。完全绝灭的包括：鲢类，四射珊瑚及床板珊瑚，三叶虫，古生代放射虫，棱角菊石类，海蕾纲，喙壳类，大部分腕足类（扭月贝类、石燕类、正形贝类），网格苔藓虫类，海百合的大部分，钙壳有孔虫91%的属。礁生态系全部毁灭（珊瑚、海绵、钙藻），而代之以微生物岩。在发生了菌类（有人认为是藻类）异常繁殖事件后，陆地木本植物被灌木、草本植物替代，脊椎动物亦有深刻的更替。由于造礁生物、木本植物和硅质生物（放射虫等）的灭绝，在早三叠世出现全球性的礁间断、煤间断和硅间断。

139

140

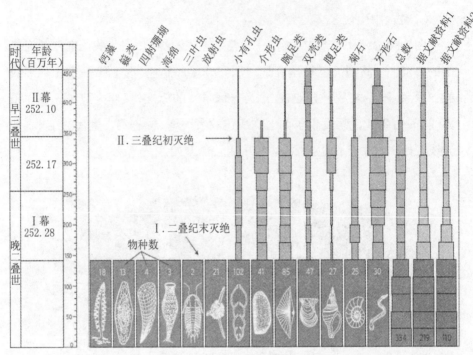

图 2-31　华南二叠纪—三叠纪之交的两幕式生物大灭绝事件

　　图 2-31 是根据华南七条剖面包括煤山剖面综合出的生物灭绝过程。我们可以看出在从距今 252.28 百万～252.10 百万年前,这在地质上可视为极短暂的不到 20 万年时间内,生物发生了两幕灭绝。第Ⅰ幕在古生代二叠纪最末期,种的灭绝率为 57%;第Ⅱ幕在中生代三叠纪最初期,种的灭绝率为 72%。也有人主张两幕应合为一幕。

　　这次大灭绝对海洋生态系统的转变具有划时代的意义。从图 2-32 可见,在大灭绝之前,古生代海洋生态系统是以非移动型动物为主的(图 2-32a)。第一幕事件导致几乎所有的浮游生物以及浅水相(透光带内)的底栖生物全部遭到灭绝,如放射虫、钙质藻类、鲢类、海绵、四射珊瑚等。第二幕灭绝事件不仅导致残余的物种进一步遭到严重打击,而且破坏了存在约 2 亿年之久的古生代海洋生态系结构,使之成为只有微生物岩生长的海底"沙漠"(图 2-32b)。新的以移动型动物(菊石、双壳类、腹足类、鱼类)为主的中、新生代型生态结构开始出现(图 2-32c、d),并在早三叠世晚期及中三叠世早期最终形成

（图2-32e、f，以海生爬行动物为标志）。

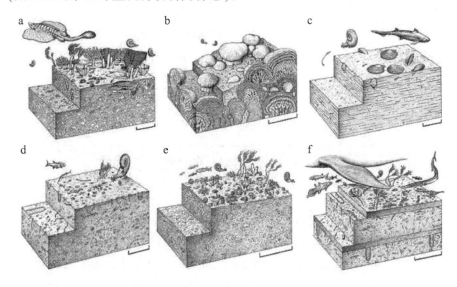

图2-32　从古生代海洋生态系统到中、新生代海洋生态系统的转变

　　这次大灭绝同样是生物内因和环境外因相互作用的结果。从生物内因说，古生代生物经过2亿多年的演化，很多已到了其演化阶段的老年期或衰亡期，如果遇到外因环境的突变，它们一般都不能适应而灭亡。很多灭绝门类早在界线之下就已经显示出衰退、特化、分布区缩小等迹象，例如在寒武—奥陶纪盛极一时的三叶虫，到二叠纪末就只剩下一个属了，这个属的灭绝就代表了三叶虫这一大类的灭绝。

　　从环境（外因）来说，如果说生命的爆发和辐射发生在环境好转时期，大灭绝则出现在环境恶化时期。显生宙数次生物大灭绝与泛大陆的形成、海陆格局重组、洋流改变、海平面变化、火山活动、重大碳-氮-硫循环异常、海洋缺氧硫化、外星体撞击等环境突变有因果关系。作为显生宙最大灭绝的二叠纪—三叠纪之交是这方面的最好例子。图2-33显示在古、中生代之交，发生了上述一系列全球性的变化。此外，泛大陆形成甚至还可能与地球内的地幔活动、地核偏移及地磁倒转有关，所以说生物大灭绝是地球各圈层相互作用的结果，这使地球历史的古、中生代之交成为一个重大地质突变期。

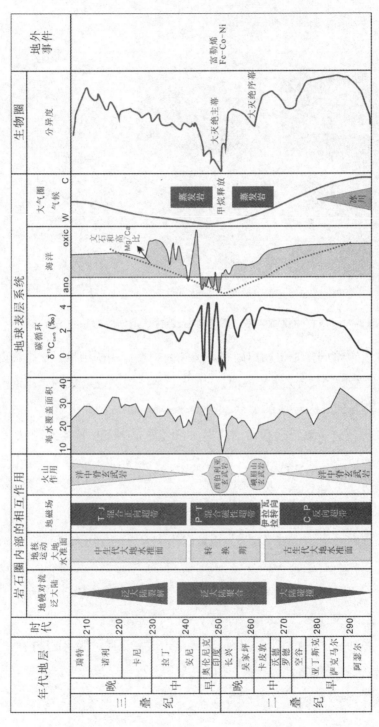

图2-33 晚二叠纪—早三叠纪之交的重大地质突变期

最重要的全球环境变化之一是火山爆发事件,图2-34上图显示了当时两个大型的火山活动分布区,这种大规模的火山活动由地幔柱引起,可能与泛大陆的聚散有关。当时规模最大的西伯利亚通古斯暗色岩(基性,玄武岩)(图2-34上)面积约400万平方千米,最大厚度2 500米(尚未计入埋于西西伯利亚的地下部分)。现在多数人认为西伯利亚暗色岩是晚二叠世—早三叠世之交到达地表的地幔柱,因此它与PTB灭绝的时间耦合,它们之间有因果关系。另一方面,华南分别在二叠系—三叠系界线上下不足1米内有两层以上中、酸性火山灰层,广布约100万平方千米(图2-34下),并可能亦见于特提斯其他区域。它们与西伯利亚暗色岩无关,而其产出层位恰与两幕灭绝层位一致,因此亦有人说是这次火山活动导致华南的灭绝。

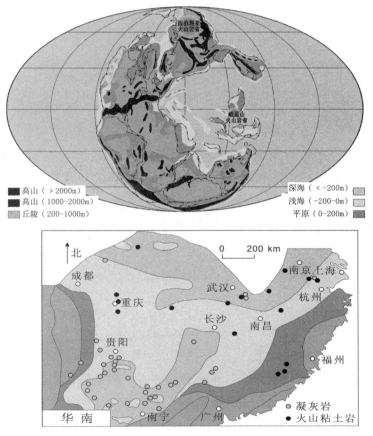

图2-34 古、中生代之交火山活动分布区
上图示西伯利亚与峨眉山暗色火山岩,下图示华南火山活动分布区

火山爆发对生物灭绝的效应可归纳为如下几点：①火山排入大气中过量的二氧化碳、甲烷、氮的氧化物等；在华南这样碳酸盐岩广布的地区，尤其会产生大量二氧化碳和甲烷，它产生温室效应，导致气温上升，产生灭绝效应；②火山喷入海水中过量的二氧化碳可导致海水酸化，使海洋生物由于对缺氧和酸化的不适应而选择性灭绝，或者由于高碳酸血症而死亡；岩浆活动释入地下浅部的CO_2则妨碍陆生植物根系吸氧，使之死亡；③喷出的二氧化硫、爆发物质和冲击热产生的二氧化氮、氰化物等有毒物质会产生污染效应；④大规模火山活动产生的SO_2，形成H_2SO_4气溶胶，会加速含氯化合物的活动，破坏平流层的臭氧，导致紫外线辐射增强，可能对陆地植被造成灭绝效应。上述多种效应的联合作用导致生物生存环境恶化，是造成当时生物大灭绝的重要因素之一。此外，在理论上，火山爆发烟尘的蔽光效应可使气温下降，造成十至千年级的"火山冬天"，并且它抑制光合作用，可造成光合生物灭绝。有人揣测PTB亦存在火山冬天。

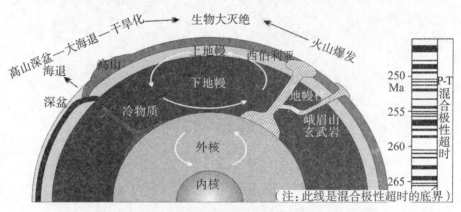

图2-35　古、中生代之交地球各层圈剧变的耦合效应

图2-35是古、中生代之交的地球各层圈的剧变，显示这一重大全球变化的地球各层圈耦合效应——地球内部活动导致地球表层的全球变化。可看到地球内部地幔对流导致板块聚合成超大陆（图中半球表层的灰色层），超大陆导致地表的高山深盆地形和大海退，同时造成大面积干旱化；地球内部形成的地幔柱导致大面积火山活动。这两方面均造成环境恶化，导致了生物大灭绝。右边的柱子显示地球磁场在这时有重大转变，由前一

时期稳定的极性超时转变为这一时期忽正(黑)忽负(白),属于混合极性超时。总之,这一时间中,从地幔到地壳,再到大气和海洋,最后是生物,反映了同步的剧变。生物大灭绝乃是这次地球各层圈剧变的最显著反映。

(2)中、新生代之交的灭绝

中、新生代之交或白垩纪末,发生了显生宙的第五次大灭绝。这次大灭绝最引人注目处是恐龙的灭绝。图1-40~图1-53是灭绝前盛极一时的中生代恐龙。

恐龙灭绝有外因和内因。其外因是:地球环境恶化导致其与生物演化的不协调,如火山活动和外星体撞击。图2-36显示了在白垩纪—古近纪之交时期的火山活动,其中:图左显示,在印度德干暗色岩(基性火山岩)中,火山的活动强度,在白垩纪—古近纪界线(KP界线)上,有一个高峰;图中间显示,期间发生了地磁反向;图右显示,不仅恐龙灭绝,还有许多其他生物灭绝,如鱼类和蛙类。

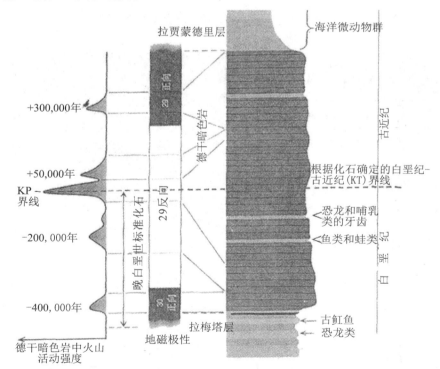

图2-36 白垩纪—古近纪之交的火山活动

另一个外因是外星体撞击（图2-37），在图2-37的外星体上，本身就有许多撞击坑。图2-38左图上，显示月球上也有许多撞击坑。地球近期的撞击坑，如美国亚利桑那州的巴林杰陨石坑，才2万～5万年，还没有被水流和大气侵蚀，它的存在，证明地球曾被外星体撞击过（图2-38右）。

图2-37　外星体撞击地球的影像复原

图2-38　外星体撞击的证据
左图是月球上的撞击坑（黑色近圆形），右图是地球上的撞击坑，
即美国亚利桑那州的巴林杰陨石坑及坑壁（图中人物为殷鸿福院士）

地球被外星体撞击的一个重要证据是铱异常（图2-39），铱是贵金属，微量元素铱在地球上的分布仅为10^{-9}级（ppb级）。在白垩纪—古近纪之交

（图2-39中KT-界面），它突然从接近于0，增加到了近10ppb，在有的地方可猛增几个数量级，以后再慢慢降下去。现在全球有近百个同时代的点找到了铱异常。只有含有丰富的铱的外星体才可能使地层中的铱含量如此迅增，一般认为这是带大量铱的外星体撞击了地球造成的，其直径应在100千米以上，撞击灰烬散布到全世界。图2-39中铱异常高点正好是恐龙灭绝的时期，所以许多人认为是外星体撞击导致了恐龙灭绝。

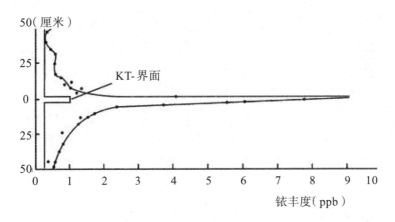

图2-39　意大利古比奥白垩纪—古近纪之交铱异常

引起大灭绝也有内因，就是生物特化，主导性生物一时得到天时地利而繁衍滋长，而同时其适应性和抗灾变能力则不断减弱，使其躯体机能只能生存于某类特殊优越的环境中，这就是特化。特化是衰亡的前兆。一旦环境有突变，它们便走向灭绝，而环境突变是一种必然性。一般生物是没有理智的，对于它们，环境适宜时繁衍、主导，然后是特化，最后在环境恶化时灭绝，这便成为一种普遍现象。图2-40是恐龙类的地史分布及盛衰情况，可以看到它们在中生代的三叠纪、侏罗纪和白垩纪臻于极盛，演化出许多分支，但到白垩纪—古近纪之交全部灭绝。只有鸟类延续到新生代。

147

148

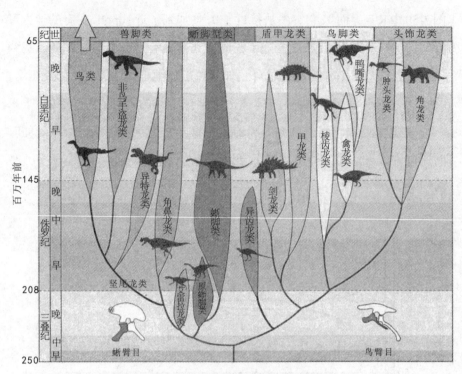

图2-40 恐龙的地史分布及盛衰情况图

为什么恐龙会灭绝了呢? 除了外星体撞击和火山活动这些外因以外, 还提出了以下原因: 微量元素污染使恐龙生殖能力减弱、孵化率降低, 不能以新生的被子植物为食物而被毒死, 不能适应气候变冷而被冻死, 竞争不过哺乳动物而被淘汰等等。为什么哺乳类、鸟类不被撞击死、污染死、毒死、冻死呢? 答案只能是外因通过内因而起作用, 恐龙的特化是导致灭绝的内因。事实上, 早在外星体撞击前, 恐龙已经开始衰落了。

什么是特化? 目前并没有关于特化的标准定义。一般认为特化具有以下一个或数个特征: ①只适应于狭窄而优越的环境, 通常是小居群, 当环境恶化时抗灾变能力差; ②具有仅适应狭窄环境的特殊形态和构造, 如奥陶纪末具次生枝、或细网结构、或奇特刺状附连物的笔石, 或白垩纪末呈螺旋形、弛卷形以至杆状的菊石; ③已过了该类别的极盛期, 处于衰落阶段, 因而具有一些退化的性状, 如晚二叠世的拉且尔蜓类, 较中二叠世蜓类个体变小,不再旋卷且结构简化。

　　恐龙有哪些特化现象？一是个体特化，如图1-50的剑龙，头部的小脑子指挥不了尾巴和后腿，故而在腰部还有一个神经节，指挥后腿和尾巴。有些巨大的植食恐龙（图2-41），近30米长的身体，躯体部分还不到10米，而头颈部和尾巴都有十几米长，它们对环境、食物等要求很苛刻，一旦环境不利，就产生适应危机。中、新生代之交这次灾变，受打击最大的是大型动物和陆生动物。所以恐龙绝灭而哺乳动物的小型祖先逃过了此劫。

图2-41　恐龙躯体的特化

　　二是食物特化，如图2-41中的巨型恐龙，一天要吃百余斤至千余斤食物。可以想象，一旦环境恶化，其食物供应便成为危机。

　　三是演化加速，达到极盛，演化成很多种类（图2-40），极盛之后便是衰退，加速极盛往往继以加速衰退，伴随着的便是机体抗灾变能力降低。白垩纪末的恐龙已开始衰退，且许多地方只产恐龙蛋而没有恐龙成体。

　　因为恐龙以上几种特化，当环境突变时，便会导致灭亡。白垩纪—古近纪之交这次突变，很可能是外星体撞击伴随着大规模火山喷发，被认为是一种灾变。一般突变是地球—生物体系内部相互作用，从量变发展到质变，有律可循；而灾变是地球—生物体系以外的强大因素突然加诸于此体系。若把宇宙看成一个更大的体系，在宇宙体系中，外星体撞击属于突变，其几率仍有律可循。但对于其子系统——地球-生物体系的这种突变，如陨石撞击，就成为灾变，有不可预见性。

149

第三部分

生命演化对人类可持续发展的启示

一、生物门类演化的几种模式

生命在时间中起源、发展，也将在时间中衰退、消亡。包括人类在内的任何生物，都要经历发生—发展—消亡的演化过程。人类也会经过发生、发展，达到顶峰，然后走向衰退和消亡，虽然这是一个相当长期的过程。许多生物门类从发展到消亡遵循正弦曲线或钟形模式（图3-1上），如鱼形超纲无颌纲，古生代出现的蕨类和两栖动物等，但并不都如此。在图3-1下中，除了B曲线所代表的钟形模式外，A曲线是在短期内高速度演化达到超过一般门类的高峰，然后在超过自然界所容许的阈限后，在灾变中迅速衰退并灭绝，恐龙属于这种模式；C曲线是在正常演化到高峰后，持续地、缓慢地降退，目前还看不到濒危的迹象，被子植物属于这种模式；D曲线没有顶峰或顶峰很低，低速演化，已经达上亿年甚至几亿年，现在仍然存在，许多活化石，如海豆芽属于这种模式。人类当然不属于D模式，其前途可能是A模式——高速度+迅速衰亡的模式，或B、C模式——正常的或持续演化的模式。可持续的模式当然应是争取的方向，但人类近期的发展，却显得与A模式相似。

生物界的消亡历来有两种可能：一种可能是通过全面进化而演变为新的更高的物种，而原来的物种即不复存在，这叫假灭绝；另一种可能，特别是对于主导性生物是十分普遍的可能，则为未能留下后代而灭绝。生物中的假灭绝只是少数，多数是真的灭绝，没有留下后代。

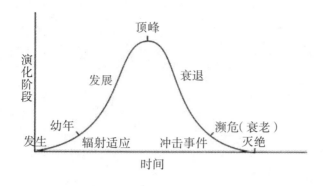

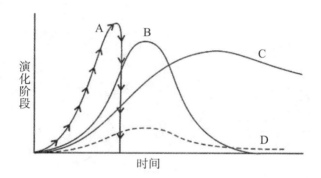

图3-1　生物门类的演化阶段（上）和演化模式（下）
A.高速演化模式；B.钟形模式；C.持续演化模式；D.低速演化模式

　　生物界一般的背景值（5%左右）灭绝都只涉及其一部分，通常是已进入演化衰退阶段的种类，大部分则继续生存。但是大灭绝是多数物种快速灭绝，相当于炸弹。其效果是地质时代转换，相当于历史上的是改朝换代（图3-2），如果把大灭绝比喻为生物炸弹，就产生一个问题：生物炸弹——大灭绝——首先炸谁？为什么产生了改朝换代的效果？

　　生物圈对环境变化有高灵敏性的反应，而同时它又是高度有序的，可以通过适应来调节自身。这就使生物界危机有一个积聚、滞后和爆发（定时炸弹）的过程。通常在危机积累过程中，生物界尤其是主导生物，由于其高度有序性而维持稳态，滞后回应，而在超过阈值后，又由于其强反馈效应而导致大灭绝。

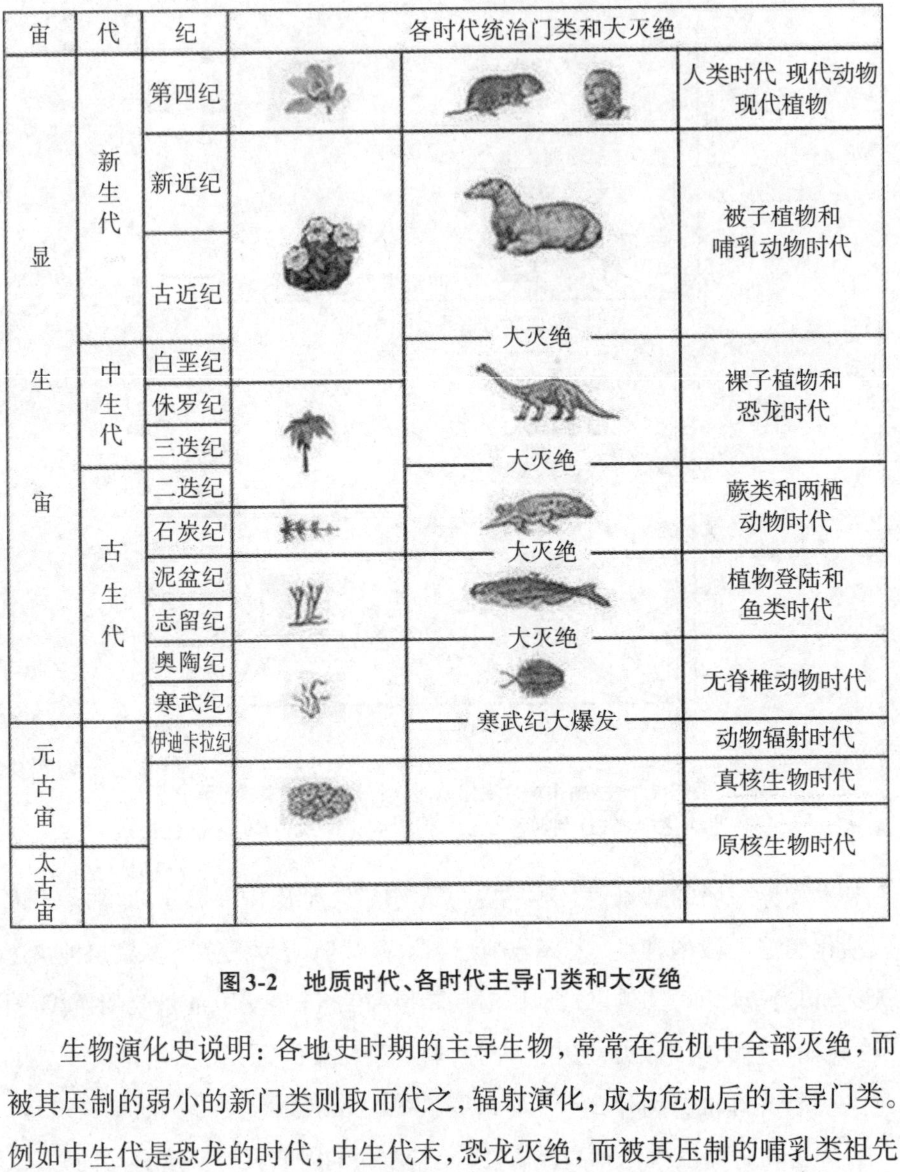

宙	代	纪	各时代统治门类和大灭绝	
显 生 宙	新 生 代	第四纪		人类时代 现代动物 现代植物
		新近纪		被子植物和 哺乳动物时代
		古近纪		
			大灭绝	
	中 生 代	白垩纪		裸子植物和 恐龙时代
		侏罗纪		
		三迭纪	大灭绝	
	古 生 代	二迭纪		蕨类和两栖 动物时代
		石炭纪	大灭绝	
		泥盆纪		植物登陆和 鱼类时代
		志留纪	大灭绝	
		奥陶纪		无脊椎动物时代
		寒武纪	寒武纪大爆发	
元 古 宙		伊迪卡拉纪		动物辐射时代
				真核生物时代
太 古 宙				原核生物时代

图3-2　地质时代、各时代主导门类和大灭绝

　　生物演化史说明：各地史时期的主导生物，常常在危机中全部灭绝，而被其压制的弱小的新门类则取而代之，辐射演化，成为危机后的主导门类。例如中生代是恐龙的时代，中生代末，恐龙灭绝，而被其压制的哺乳类祖先（当时只有老鼠大小，以昆虫为食）迅速辐射，使哺乳动物成为新生代的主导门类。历史朝代如唐、宋、元、明、清是以帝王将相为代表的主导阶层命名的，地质时代亦是这样，例如中生代是恐龙时代。恐龙灭绝就表示中生代结束，哺乳动物取代其地位，辐射演化，标志地球进入了新生代。

在生物界，也像人类社会一样，有主导阶层——帝王将相，也有草根阶层，中生代的恐龙、菊石、裸子植物等，就是当时生物界的主导阶层，生态系统底层有真菌、细菌、原生动物等，就是草根阶层。灭绝不是突然降临的，危机不断积累，到了一个门槛——突变期，一类生物不再能适应，就会灭绝，这是个生物定时炸弹。每次大灭绝都是主导阶层灭绝，而这对于草根阶层可能是最好的时期，在几次大灭绝后，都有一段微生物繁盛的时期。当代如2005年太湖污染，鱼、虾、蟹都没有了，但是蓝藻却是最好的生长时期，得到最快的繁殖。地球历史的一个个阶段，或一个个地质时代，都有典型生物或主导生物的辐射和灭绝，将历史隔断成几个阶段，形成长期的渐变被短期的突变所打断的过程，这就是"江山代有霸主出，各领风骚亿万年"。主导生物要避免灭绝，就必须保持其向上发展的生命力，不要很快达到顶点，因为顶点一过就是衰退的趋势。而大灭绝的打击对象往往是已经衰退的主导生物。

这一点对人类有什么启示呢？人类是当代生物界的主导生物，如果发生第六次大灭绝，人类就是生物炸弹的对象。避免被生物炸弹毁灭的前提，就是保持人类演化的向上趋势，可持续发展，不要很快达到顶点。

怎样保持可持续发展呢？首先，要保护生物多样性。

155

二、为什么要保护生物多样性

1. 生物多样性是人类生存的基础

说起保护生物多样性,挽救濒临灭绝的生物,一般人往往会想起挽救大熊猫、华南虎。其潜意识是为自己和孩子们看不到这些珍奇动物而惋惜,是一种"眼球效应"。实际上,生物多样性是人类生存的基础,人类的食物链是个金字塔的结构。图3-3显示了处于生物金字塔顶端的人与可享用资源量(生物的种类和数量)的关系。如果人只吃植物,只需最简单的食物,如图3-3右小图所示,10^3个人只需要生物量为10^4的植物。但是人的食物越来越复杂,食物链也越复杂,越多样性,同时每个人需要底层生物量也越多。到最左边小图,食物中包括有二级食肉动物(虎骨、熊掌等),1个人就需要生物量为10^4的植物,对比最简单的食物链,需要量大了数个几何级。若没有生物多样性,这是难以支持的。

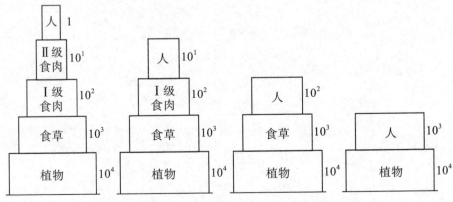

图3-3 人与可享用资源量(生物的种类和数量)的关系

可以看出，处在食物链金字塔顶端的人类，是以几何级数倍的各类生物的多样性和生产力为基础的。消灭生物多样性和生产力，就是挖掉食物链金字塔（图3-4）的基础，也就是消灭人类自己生存的基础。

陆地上的食物塔

图3-4　食物链金字塔

据2000年估算，我国生物多样性每年的直接使用价值为1.8万亿元，间接使用价值为37.31万亿元，后者在2005年是当年GDP的7倍，这是中国13亿人生存的基本资源。如果你想一下，为什么在面积大于中国的西伯利亚，只有几百万人生活，就会明白为什么生物多样性是人类生存的基本资源。生物多样性的生产力是靠生物再生产（如每年长树，每代产子）来维持的，仅在2000年，人类便耗尽了当年23.8%的生物生产力。在人类消耗的生物量中，78%与农业有关，剩下的22%则涉及林业、人类引发的火灾以及其他活动。怎样控制消耗的比率，使生产力能够维持和增加再生产能力，也是迫在眉睫的问题。

在生物学上，现代人类只是地球数百万物种中的一个物种，人类应当与其他生物共享同一个地球。生物之间的关系除了生存竞争之外，还普遍存

157

在着互相依赖、协同进化的关系。人类在生存竞争中已经胜出,现在应当注意保持后一种关系。不注意保护生物多样性或过度占用地球的生产力,实际上等于杀鸡取卵,最终危及人类自己的生存。

2.目前是否经历又一次大规模灭绝?

现代可能是地球历史上又一个灭绝期,鸟、兽类的灭绝在加速,现在的灭绝速度是地球史平常时期的1 000倍。

历史上的灭绝速度有以下几个时期:在地质年代,鸟类300年一种,兽类800年一种;在17世纪,10年一种;在1850—1950年,每年一种,现在是动物每天一种,可见灭绝在加速(图3-5)。

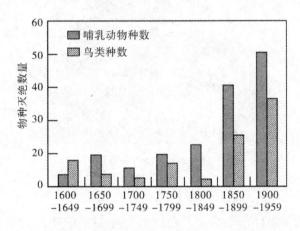

图3-5　17世纪以来动物物种绝灭的数量

最近200年生物多样性有突然下降的情况。对碳循环贡献最大的,也是对人类贡献最大的有两种生态类型,一个是珊瑚礁,一个是热带雨林,它们的减少很明显。"地球之肾"亚马孙的热带雨林面积在很快缩减,印度洋许多珊瑚礁也已白化而死亡。图3-6为联合国的一个统计,现代生物多样性的丧失率,比过去几百年有急剧的抛物线式上升,其中动物种1950—1990年灭绝数的下降被认为是1990年统计定义的问题(按定义要消失50年才算灭绝)。2000年后因加强对生物的保护,丧失率有所下降,但仍属于危险范围。

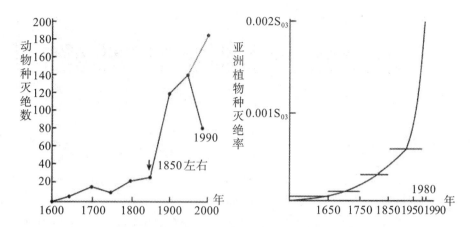

图3-6 公元1600年以来动物种灭绝数(左)及亚洲森林植物种灭绝率(右)
（右图横线是各百年时间段的年灭绝率）

有关材料表明,今后二三十年内,有1/4物种濒临灭绝,地球上30%～70%的植物在今后100年内将不复存在,现正处于灭绝边缘和严重威胁之中的哺乳动物有406种,鸟类593种,爬行动物209种,鱼类242种。

目前是否进入又一次大规模灭绝?许多人认为是的。全球现有物种约500万～5 000万种,而目前灭绝速度为自然条件下的1 000倍,是地球史上速度最快的灭绝,现正进入第六次大灭绝期。

这次灭绝的主要罪魁祸首是人类,从地球上每天有30种生物绝种计算,估计到21世纪,可能消失的物种总数为100万。1979年非洲有165万头大象,现在仅剩65万头。世界海洋鲸类在21世纪之前有数十种,现在仅剩10余种。各国都有数量很大的濒危珍稀动植物清单,然而偷捕偷挖的违法案例屡禁不绝。人类活动还造成了快速的全球变暖,而后者又会导致许多生物的灭绝。

3.灭绝—生物炸弹—会不会炸人类?

人类造成当代的灭绝,人类应当起来挽救这一次灭绝。特化是灭绝的前兆,人类应当自觉避免自身的特化。人类是当代的主导生物,如果人类做不到"挽救这次灭绝"和"避免自身特化"这两点,那么,大规模灭绝这个生物炸弹首先炸的是主导生物自己,"自作孽,不可活"。

三、怎样避免特化——警惕物质文明对人种演化的影响

如何注意避免自身特化问题呢？这就要研究物质文明对人种演化的可能影响。因为物质文明产生了以下一些问题：体力劳动减弱；个体过大；演化速度加快；人口增长与资源极限的矛盾；天然食物减少；克隆技术的应用等。这些问题都可能导致人类特化，从而影响人类的未来，下面分别加以论述。

1.体力劳动减弱

人类的进化过程中头部和脊椎变化很显著（图3-7），我们的祖先猿人的头部，脑量是小的，而下巴很突出；由于脑力劳动，现代人脑量增大了，前额饱满而下巴后缩；猿人的脊椎是弯的，而现代人的是直的，这是因为体力劳动使人站立起来，把前肢解放出来成为双手以使用工具。劳动使猿人手脑并用，全面进化为人。

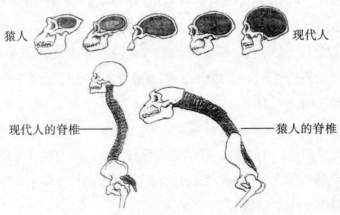

猿人　　　　　　　　　　　　　　　　　　　　　现代人

现代人的脊椎————　　　　　　————猿人的脊椎

图3-7　全面进化——人类因体力和脑力活动
而演化出直立的身体和发达的大脑

近代物质文明的高速发展,造成时间和劳力的节省,结果是体力劳动减少、闲暇时间增多、肌肉运动减少和营养过度。发胖、变懒、心脏血管和其他系统疾病增加,造成人类机体抗灾变能力减弱。劳动使猿人全面进化为人,而不劳动或不正确地享受物质文明将会使人向相反方向发展,趋向特化,即所谓的"大脑发达,四肢退化"。有一个漫画讽刺性地描绘现代人在回归猿人的姿态(图3-8),我们应当注意和制约这一趋势。

图3-8 现代人回归猿人姿态图

2.个体过大

个体发育是不是越大越好?生物在起源时往往形体很小,在演化上升阶段不断变大,结构变复杂,但当突变来临时,又往往是这些最大型复杂化的先消失,小型而较简单的继续生存。自然选择这"疏而不漏"的"恢恢天网"似乎是专拣大个子灭绝的。个体增大有很多原因。对某些物种是演化上升趋势的一种表现,例如我国年青一代的身高,一般比前代要高一些。但并不是越大越好。过高和过胖是一种特化现象,它只适应于特别优越的环境,要求更多更好的食物,并且由于机体各部分不能协调和有比例地发展,导致种种疾病。我国身高过2米或体重过大的人,很多都有这种现象。现在大家都重视制约这一趋势,这在生物演化中也常发展为一种特化的趋势。

3.人类物种演化速度加快

人科主要包括南猿和人两属。南猿和人属各自又分为几个种。它们的延续时间如下:

拉玛南猿种——5百万~4百万年前

161

阿法南猿种——4百万～3.0百万年前

非洲南猿种——3.0百万～2.0百万年前

强壮南猿种——2.2百万～1.0百万年前

能人种——2.2百万～1.6百万年前

直立人种——2百万～0.4百万年前

智人种——40万～20万年前

早期智人（如尼安达特人亚种）——20万～4万年前

晚期智人（如现代人亚种）——5万年前至今

南猿属的四个物种平均延续时间为110万年，人属的三个物种平均延续时间为87万年，而现代的人种——智人Homo sapiens及其亚种迄今平均仅17万年。可见，人科——广义的人类——演化是在明显地加快（图3-9）。

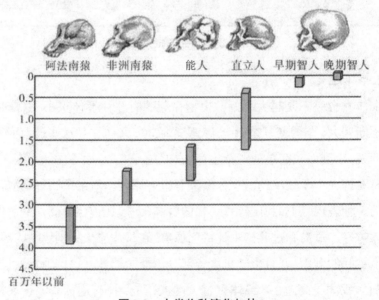

图3-9　人类物种演化加快

现代人种进化的速度亦可能在加快。随着时间的推移，DNA会累积各种无规则的变化，根据DNA累积的变化，有人据此推算出新近产生的基因改变约占人类基因的7%。有人通过对全球269个人的DNA片断进行比较后提出：8万年来基因变异的速度由稳定变为指数式加快，在距今5 000年至

10 000年间达到高峰,人类进化的速度实际上加快了100倍(图3-10)。

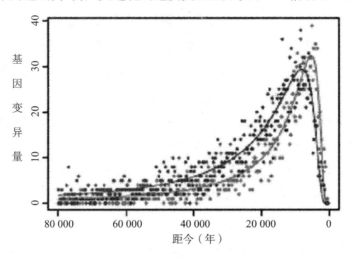

图3-10　现代人进化曲线图
两条曲线分别为非洲和欧洲两类人的基因变异增速曲线,
其高峰值分别在距今8 000及5 250年处

演化速度是不是越快越好?演化虽然有不同模式,但一般都是先上升后下降(图3-1),即由发生(波谷)到发展顶峰(波峰)到消亡(波谷)。高速演化意味着迅速达到高峰,一般都接着发生迅速的消亡。而持续地达到高峰,其消亡也较为持续。所以高速演化与持续演化是一对矛盾。

主导门类得以持续演化的前提条件是生物圈的持续演化,对人类来说就是保持人与自然协同发展和保持生物多样性。人类高速演化意味着迅速走完本身演化的各阶段,意味着其抗灾变能力的降低,及对生物圈协同发展(生态平衡)的破坏,这些都可以从生物演化史的先例中得到借鉴。所以演化并不是越高速越好。人类应与自然协同一致,规划自己的发展速度,使其处在合理的范围内。

4.天然食物减少

天然绿色食物减少,人体中有害物质积累增加,也是影响人类演化的一个因素。由于野生动物的绝灭,1860年人类和家畜合计生物量占陆地动物总生物量的5%,1940年占10%,20世纪80年代占20%,2000年占40%左右,到21世纪中叶将约占陆地动物总生物量60%。也就是说人工选择的生物量越来越占主体地位。人工选择在人类文明进化中曾立过重大功劳。没有家畜和人工培育的农作物，就没有现代人类文明。但是人工选择与自然选择不同。在自然选择中物竞天择，适者生存，淘汰弱者，推动生物界的进化。人工选择中生存下来的是人类需要的，如产肉猪、哈巴狗、纯种马，而不一定是适者和强者。野生生态系统抗灾能力强，而人工生态系统缺乏抵抗力，所以人类和家畜在生物量中所占百分比高并不是好现象。现在禽流感、埃博拉等盛行，这是因为在自然选择中人类或宿主生物能够对病毒产生抑制力，而人工选择的种群中这种抑制力退化，常导致病毒繁殖失控而流行，所以越是人工养殖地区越易流行病毒。

由于少数人出于私利对科技的不恰当应用，造成疯牛病、激素猪、含化肥农药植物等对人类有害的食物流入市场，食品安全已成为我国以至全人类的重大问题。人类机体能数十倍至成万倍地积累这些有害物质。以DDT为例，在20世纪初曾作为农药，每年用量达10万吨。它在生物链顶端可浓集到千万倍（图3-11）。20世纪60年代时，人体脂肪中的浓度达到2～26mg/kg。1970年后逐渐禁用，但鱼中的DDT继续上升了11年，而人体中到前几年仍达2～19mg/kg，中国江西达到31mg/kg。现在一部分人体有害物积累（如含铅量）已经过高，其长期滞后效应将对人种演化造成危害。

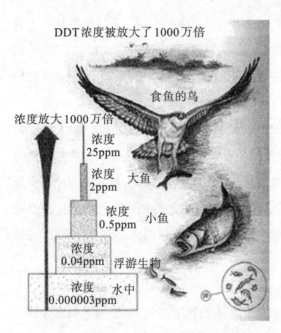

DDT浓度被放大了1000万倍

食鱼的鸟

浓度放大1000万倍

浓度 25ppm

浓度 2ppm　大鱼

浓度 0.5ppm　小鱼

浓度 0.04ppm　浮游生物

浓度 水中 0.000003ppm

图3-11　DDT的浓度在生物链中的情况图

四、关于人类演化方向的讨论

1.人类物质需要的增长有没有极限？要不要设限？

人口、工业产品、污染量、资源消耗量、粮食产量是影响人类发展最重要的五项物质指标。100余年的统计显示，除了粮食产量以外，前四项都是呈指数增长，而粮食产量则呈线性增长，增长率低于前四项。这就提出了一个问题：人类物质需要的增长有没有极限？要不要设限？

回答有两种观点。悲观的回答可以1972年罗马俱乐部公开发表的《增长的极限——关于人类困境的报告》为代表。它提出：①世界将耗尽所有的资源与能源，日益加剧的污染终将达到地球可容纳的上限而导致生态崩溃，人口增长将使世界粮食供不应求。基于此，不受限制的增长是不可能的。②靠自然对增长加以限制将使资源枯竭，从而导致人口和资本（工业产品）不可控制的减少（崩溃）。③唯一解决办法是，采取一系列措施达到全球均衡状态，这包括：控制生育使出生率等于死亡率，人口保持稳定；工业资本和产量稳定，投资率等于折旧率，多余产能用于服务业和粮食生产；资源消耗和污染降低到1970水平，等等。

乐观的观点可以1984朱利安·西蒙著《没有极限的增长》为代表，他提出：①资源稀缺，价格上涨，促使创新及替代品的产生，资源和能源是不会耗尽的。②人口规模是与生产力水平相互适应的。历史上三次大规模人口增长均与三次生产力革命相关，可以推断全球工业化完成以后，人口增长也会趋于平衡。③环境污染的根本原因是制度和政策问题，假如建立正确的制度，执行正确的政策，环境污染完全可以得到改善和控制，它不是必然地

165

呈指数增长的,一些发达国家已有成功的先例。

悲观观点和乐观观点各是一个半圆,两个半圆的互补,才会有较正确的解决方案。我们虽然可对人类未来持谨慎的乐观态度,但是罗马俱乐部的观点十分需要重视。200年来,特别是近50多年来人口呈指数式增长,然而粮食增长远不及人口增速。这种人口增长方式肯定是地球所承受不了的,人类必须对自己的人口增速加以控制。中国的人口控制实行得较好,但是能源和资源消耗不容乐观。中国从2012年起成为世界最大的能源消费国,2013年全年能源消费总量为37.5亿吨标准煤,占全球消费量的22.4%,全球净增长的49%;资源消耗方面,据2008年资料,中国GDP总量约占世界的5%,却消耗掉约世界30%的钢铁,47%的水泥,46%的铝。这样的能源和资源消耗显然不可持续,亟待改变。

有一种观点认为:人类出现以来,社会的发展都是以指数的形式加速向前发展的;就上述五项物质指标而言,追求不断增长的物质需要是人类的天性,为增长设极限是无意义的命题。这个观点值得商榷。在人类基本上消除贫困,物质财富相对地公平分配以后,对物质需要不能无限地增长,在合理节约和奢侈之间应当设限。这是所有正常政权和各大宗教一致的政策和教义,也为有教养人类的大多数所接受,没有必要每个小家庭拥有几套房产、多辆汽车。如果是天性,那么这种天性亦应像自私的天性一样,在教育和社会中被限制。对物质需要的指数式发展,应在具体分析后提出对策。现在"我们不只是继承了父辈的地球,还借用了儿孙的地球"(联合国环境方案),这不是人类可持续发展的方向。我们应当"但存方寸地,留与子孙耕"。

在前面"生物门类演化的几种模式"一节中已经提到高速模式和可持续模式。高速模式试图保持指数式增长,当面临危机或自然阈值时,试图用人类的努力(如科学技术的飞跃)来突破阈值,继续高速增长。在过去200年,这个发展方式是成功的。但从演化的规律来看,很难说能在长时间中可持续。人类发展到现阶段,应当考虑另一种增长方式,即在高度物质文明基础上认识到增长阈值的突破终有极限,并节制自己以便在这个极限之内持续地发展。这就是我们所提倡的低碳发展、循环发展、低能发展，以建成资源节省型、环境友好型社会为国家目标。需要说明的是这只限于人类的物质需要，精神文明领域是没有自然界的限制的，它在持续发展模式中应当会更好发展，因为持续发展是更科学的精神文明观。

2.科学技术对人类演化的影响

科学技术是第一生产力，但是生产力有个如何使用的问题。科学技术的正面或反面价值，取决于掌握科技的人、使用它的目的和实际作用。人类历史上大多数科技发现是进步的，但每一次进步确实同时带来新的问题。火药、核能、细菌都是重大发现，但也带来不可估量的消灭自己的力量。科学技术是一把双刃剑，一定要把握好这些科学技术的使用方向。

科学技术的一个重大影响方面，就是它大大增强了我们控制人类生存的唯一家园——地球的能力。这使得一部分人忘掉了人与自然相互依存、协同演化的关系，而妄自尊大地发出"控制自然"的号召。蕾切尔·卡逊在《寂静的春天》一书中叙述了化学杀虫剂造成的污染和对各种生物以至人类的危害，她说："当人类向着他所宣告的征服大自然的目标前进时，他已写下了一部令人痛心的破坏大自然的记录"。我们要反对少数人为了个人的、局部的、短期的发展需要，利用这种统治能力剥削和损害地球，消灭生物多样性、浪费资源、污染环境。

举克隆人的科技为例，从生物发展史看，从低等生物的无性生殖到高等生物的有性生殖，是生物演化的一个飞跃，而克隆人是人的无性繁殖，它是与自然进化趋势相悖的，将对人种演化产生不可预料的影响，并且必然引起家庭关系、爱情和性、伦理道德、社会、法律的一系列扰动。图3-12为带着人耳的老鼠，这显示器官克隆技术除了很多正面作用以外，还有可能被用于没有什么正面作用的地方，一旦滥用，后果可虑。克隆不仅是科学问题，我们要避免科学至上，把它凌驾在其他知识之上，要全面考虑它对人类文明的正负影响。

167

图3-12 带着人耳的老鼠

社会公众对转基因技术争议不决。转基因技术确实有利于解决粮食和食物问题，在医疗领域大有可为，并且在近期并没有显示有副作用。但是任何科技的应用都应当遵循三个原则：安全的使用限度，对产生后果的滞后缓发性和相互依赖性有充分估计，了解自然体系的复杂性。农业部对转基因技术的应用制订了严格的安全评价办法，这种谨慎态度是对的。

2007年中科院发表了《关于科学理念的宣言》，它的第四部分——"科学的社会责任"可作本文这一讨论的指针。

"鉴于当代科学技术的试验场所和应用对象牵涉到整个自然与社会系统，新发现和新技术的社会化结果又往往存在着不确定性，而且可能正在把人类和自然带入一个不可逆的发展过程，直接影响人类自身以及社会和生态伦理，要求科学工作者必须更加自觉地遵守人类社会和生态的基本伦理，珍惜与尊重自然和生命，尊重人的价值和尊严，同时为构建和发展适应时代特征的科学伦理做出贡献。

鉴于现代科学技术存在正负两方面的影响，并且具有高度专业化和职业化的特点，要求科学工作者更加自觉地规避科学技术的负面影响，承担起对科学技术后果评估的责任，包括：对自己工作的一切可能后果进行检验和评估，一旦发现弊端或危险，应改变甚至中断自己的工作；如果不能独自做出抉择，应暂缓或中止相关研究，及时向社会报警。

鉴于现代科学的发展引领着经济社会发展的未来，这就要求科学工作者必须具有强烈的历史使命感和社会责任感，珍惜自己的职业荣誉，避免把科学知识凌驾于其他知识之上，避免科学知识的不恰当运用，避免科技资源的浪费和滥用。要求科学工作者应当从社会、伦理和法律的层面规范科学行为。"

五、争取人类演化的光明未来

1.要全面进化而不要特化

不必对人类前途持悲观的观点,生物界的消亡历来有两种可能,其中一种是通过全面进化而演变为新的更高的物种,原来的物种即不复存在(假绝灭)。几百万年前人类的祖先——南方古猿,就是在全面进化中演变为现代人,而其本身已不复存在。人类要坚持德、智、体全面进化,避免食物特化、生殖特化、机体特化。

现在人类和自然界的协同演化存在不和谐问题,并产生种种特化迹象。人类正处在一个十字路口。靠人类的智慧,有可能争取一个全面协同的进化。从恐龙灭绝来看,由于它没有灵性,没有意识,是集体的不自觉和无意识,最后没有留下后代,虽盛极一时,却最终灭绝。有理智的人类应当吸取这一教训。

2.要用精神文明指导物质文明的发展方向

人类要自觉地为自己整体长远的利益而制约自己。"先发展,后治理"的说法就是不自觉地在自己整自己,整子孙后代。

总之,物质文明是一把双刃剑,精神文明是那仗剑的人。科技是力量,人文是方向。

我们要为人类演化的可持续发展而努力。现代地球系统已进入了一个新的突变期,有理智的人类应当为自身的长期整体利益而自觉约束自己。要全面进化而不要走上"统治—特化—衰亡"的道路;要与自然协同进化

169

而不要走上"毁灭生物—毁灭地球—毁灭自己"的道路。

3. 人类共识的觉醒

20世纪下半叶以来，《寂静的春天》《增长的极限》《只有一个地球》等书相继出版，唤起人们对生物多样性危机、增长方式、资源环境和污染问题等的高度注意。以防止全球变暖、保护生物多样性、禁止核武器的大气测试为己任的国际性绿色和平组织于1971年成立并迅速发展，现已发展到280多万人。21世纪以来，可持续发展的理念深入人心，《瓦尔登湖》等著作启迪反思人类的发展方式，人们的观念和生活方式已开始发生改变，标志着人类共识的觉醒。

4. 政府政策的改进

在民意觉醒的推动下，各国政府已开始制订共同的对策和协调一致的行动。从1972年的"联合国人类环境会议"（斯德哥尔摩），1992年的"联合国环境与发展会议"（里约热内卢），到历届"联合国气候变化大会"与"政府间气候变化专门委员会"（IPCC,1988）的活动，出台了一系列的报告、宣言和公约。虽然实际行动还有点雷声大、雨点小，但仍不失为良好的开始。在大气和气象体系、海洋、生物多样性三个领域开始了全球性的共同努力。中国政府积极参与了这一系列政府间活动，作为缔约国方参与了"气候变化框架公约""京都议定书""生物多样性公约"，并制定了"中国21世纪议程"。从"九五规划"以来即以可持续发展作为国家发展战略，在2013年党的十八届三中全会上更明确提出"建设美丽中国，深化生态文明体制改革……推动形成人与自然和谐发展的现代化建设新格局"。这一切使我们对人类演化的良性发展前途持谨慎的乐观态度。

我们有许多事情可做，包括普及科学知识，坚持精神文明；节约资源，保护环境；与自然协同发展，保护生物多样性；善待我们的家园——地球！让我们共同努力，为人类的可持续发展而奋斗！